新版

韓国人は何処から来たか

そして彼らは何処へ行くのか

長浜浩明

Nagahama Hiroaki

展転社

はじめに

わが国には日本人のルーツを書いた本は山ほどあるが、お隣の韓国人のルーツを書いた本はあまり見当たらない。これは昔から困難な命題だったらしく、朝鮮学の泰斗、今西龍氏も次のように記していた。

「この朝鮮人はいずれの地より来たりしか。半島の原住民なりや、後住民なりやは容易に決し難き問題なり」（『朝鮮史の栞』国書刊行会　大正九年p65）

同時に氏は、次のような印象を持っていた。

「日本と馬韓・弁韓・辰韓の三韓種族との間には平和的・武力的種々の交渉が早くより存在せしことは明白なる事実なり」（94）

「此交渉について注意すべきは常に日本が能動的にして、半島が受動的なりしことなり。これによりて想像すれば、韓種族は日本方面より早く半島に移りしものにて……」（95）

即ち、韓国人の祖先は日本から移り住んだ人々だった、なる考えに至ったと思われる。だが、今の日本人の韓国史への理解を崔基鎬・伽耶(かや)大学客員教授は次のように見ていた。
「日本国民の大多数が隣国である韓国の歴史について、まったく知らない」
「日本では、善意から日韓親善や日朝友好を願っている人もいるが、それらの人にしても隣国の歴史について無知であるから、善意は衝動的なものであって、それを支える深みがまったくなく、自分を満足させるものでしかない。これはむしろ、韓国民にとっても、日本国民にとっても危険である」(『韓国　堕落の2000年史』祥伝社黄金文庫p64)
即ち、韓国史に対する戦後の言語空間を見て〝全く知らない〟、〝無知のレベル〟と喝破していた。実例を示そう。例えば司馬遼太郎は今西龍氏と真逆なことを言っていた。
「ともあれ縄文・弥生文化という可視的な範囲で、我々日本人の先祖の大多数は朝鮮半島から流れ込んできたことは、否定すべくもない」(『街道を行く1　湖西(こせい)の道』週刊朝日p21)
驚くべきことに、司馬は韓民族が長い間シナの属国だったことさえ知らなかった。
「日本よりも古い時代から堂々たる文明と独立国を営んだ歴史を持つ朝鮮人にとって……」

（『韓のくに紀行』朝日新聞社p11）

なぜこのような、崔基鎬氏に言わせれば韓国史に〝無知〟な者が日本では人気作家となり、文化勲章まで受章できたのか。

それは国民の目を欺き、戦後、密かに行われた違憲検閲により、歴史の真実が捻じ曲げられたことに起因する。その後、惰弱で無知な保守政治家の無策により、日本の歴史教科書は中韓の検閲を受けるようになり、いつの間にか子供の歴史教育は中韓への贖罪（しょくざい）意識を涵養する〝虚偽満載〟のプロパガンダツールと化してしまったからだ。

このような教育を受けてきた日本人が、中韓のプロパガンダや悪辣な反日カルト・統一教会の餌食になってきた。この惨状を見るに見かねた筆者は何冊かの本に加え、平成26年に『韓国人は何処から来たか』を上梓する機会に恵まれた。

この本は版を重ねて今日に至ったが10年が過ぎ、この間に新たな知見も加わり、全体を見直す必要を感じるようになった。

そこで再度筆を執ったわけだが、本書により、韓国人は己のルーツと歴史から行く末を知り、日本人は無知状態から脱し、韓国史を通して己を見直すことで、両国民の相互理解と友好が深まることを心から願っている。

目次

新版 韓国人は何処から来たか

そして彼らは何処へ行くのか

第一部　韓国人は日本人と北方シナ人の混血民族だった

第1章　韓国人の「祖先の国」は日本だった

第2章　韓国人はいつ半島にやって来たか

第9章　韓民族は近親婚・近親相姦集団だった

第10章　朝鮮語のルーツは日本語だった

第13章　女性蔑視と反日カルト統一教会の蛮行

第14章　集団自殺社会・韓国の未来

凡例

1. 本書で用いた底本は、宇治谷猛『日本書紀（上）全現代語訳』、次田真幸『古事記（上）全訳注』、藤堂明保他『倭国伝』（何れも講談社学術文庫）である。
2. 引用文中の傍点は全て筆者が加えたものである。
3. 引用文の後に付した（　）内の数値は引用書の頁を表す。
4. 本書で述べる韓国人とは現在の大韓民国の住民のみならず、北朝鮮を含む半島全体の住民を指す。
5. 〝縄文人〟とは〝縄文時代人〟という意味であり、その間、本土日本に住んでいた人々を意味する。また弥生時代に住んでいた人々を弥生人と呼んでいる。
6. 中国は1912年の辛亥（しんがい）革命により誕生した。それ以降シナ大陸に住む人々を包括的に中国人と呼び、それ以前を総称してシナ人と呼ぶ。また、南シナ海や東シナ海の西や北にある大陸をシナ大陸と呼んでいる。
7. シナ大陸では1912年に誕生した中華民国（中国）は戦いに敗れ、1949年に中華人民共和国（中共）が大陸の支配者となった。従って歴史を語る本書は、1949年以降、シナ大陸を統治している国家の呼称は中共とした。

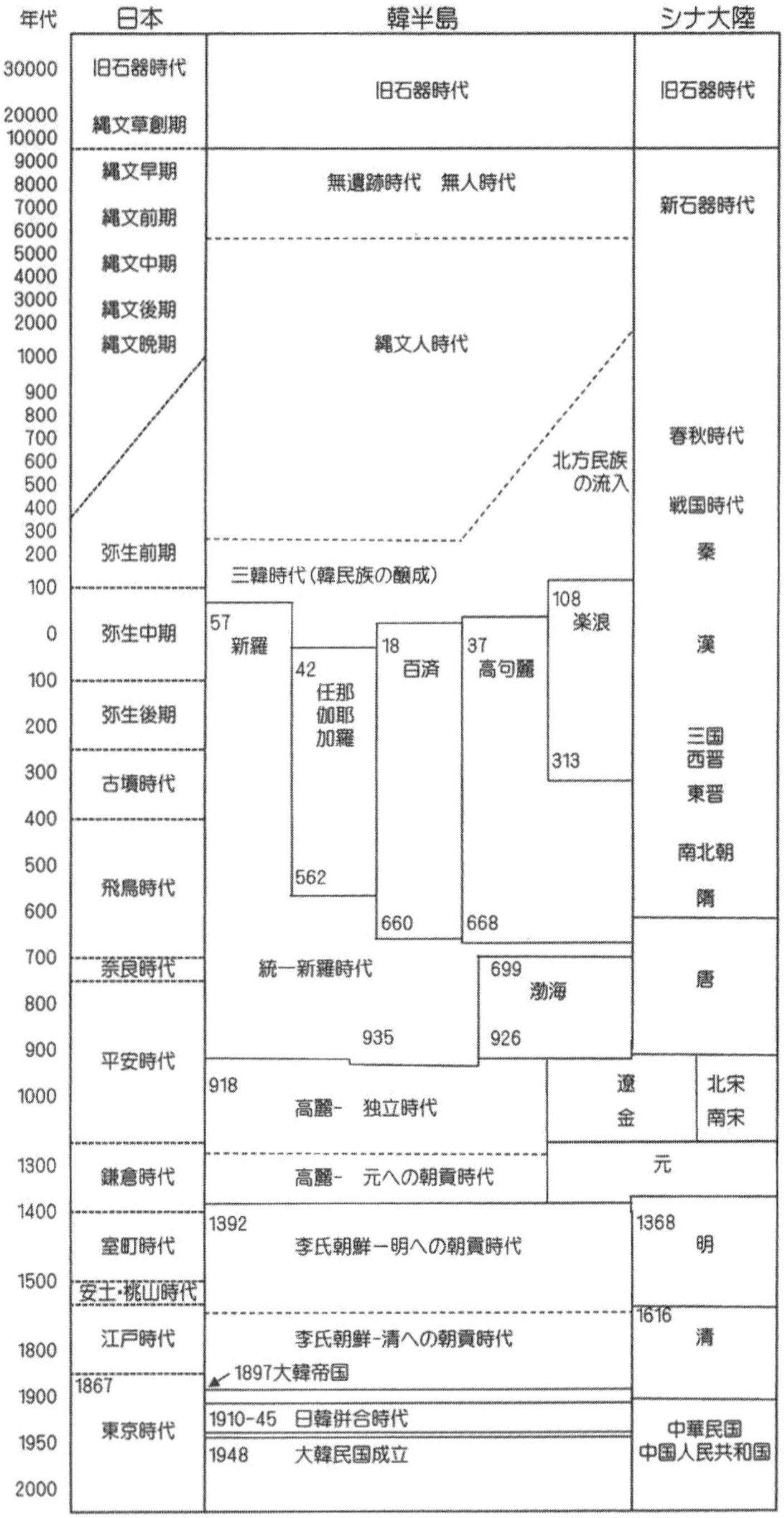

年代 日本 韓半島 シナ大陸

年代: 30000 20000 10000 9000 8000 7000 6000 5000 4000 3000 2000 1000 900 800 700 600 500 400 300 200 100 0 100 200 300 400 500 600 700 800 900 1000 1300 1400 1500 1800 1900 1950 2000

日本:
旧石器時代
縄文草創期
縄文早期
縄文前期
縄文中期
縄文後期
縄文晩期
弥生前期
弥生中期
弥生後期
古墳時代
飛鳥時代
奈良時代
平安時代
鎌倉時代
室町時代
安土・桃山時代
江戸時代
1867
東京時代

韓半島:
旧石器時代
無遺跡時代　無人時代
縄文人時代
北方民族
の流入
三韓時代（韓民族の醸成）
57 新羅
42 任那 伽耶 加羅 562
18 百済 660
37 高句麗 668
108 楽浪 313
統一新羅時代 935
699 渤海 926
918 高麗-　独立時代
高麗-　元への朝貢時代
1392 李氏朝鮮ー明への朝貢時代
李氏朝鮮-清への朝貢時代
1897大韓帝国
1910-45　日韓併合時代
1948　大韓民国成立

シナ大陸:
旧石器時代
新石器時代
春秋時代
戦国時代
秦
漢
三国
西晋
東晋
南北朝
隋
唐
遼
金
北宋
南宋
元
1368 明
1616 清
中華民国
中国人民共和国

第一部　韓国人は日本人と北方シナ人の混血民族だった

第1章　韓国人の「祖先の国」は日本だった

ジェノグラフィック・プロジェクトが明かす真実

韓国人は半島で誕生したのではない。彼らの祖先はアフリカで誕生し、世界各地に拡散していったが、どのようなルートで半島に辿(たど)り着いたのだろう。

猿人、原人、旧人はさておき、長らく論争の的となっていた新人の移動ルートを解明すべく、2005年にジェノグラフィック・プロジェクトは開始された。これは世界各地に住む諸民族の遺伝子データを集め、人類の拡散過程を明らかにする世界規模の研究だった。

その手法として、系統解析に用いられるY染色体（父系）やミトコンドリアDNA（以下mtDNA）（母系）の遺伝子解析や言語学、考古学などを駆使して拡散ルートを図式化するに至った。（図1-1）

この図は、約6～1万年前の男性の移動ルートを示したものだが、男性の移動には女性や子供を伴っていたことは容易に想像できる。女性を伴い、継続的にヒトが誕生しなければ長い旅は維持できないからだ。

この研究成果によると、新人は、約6万年前にアフリカを出てバブ・エル・マンデブ海峡を渡ってアラビア半島へ上陸し、北上した集団はアフリカ大陸を北上した集団と共に地中海沿岸やヨーロッパ諸民族の祖先となり、長らくネアンデルタール人とも共生していた。

HUMAN MIGRATION ROUTES

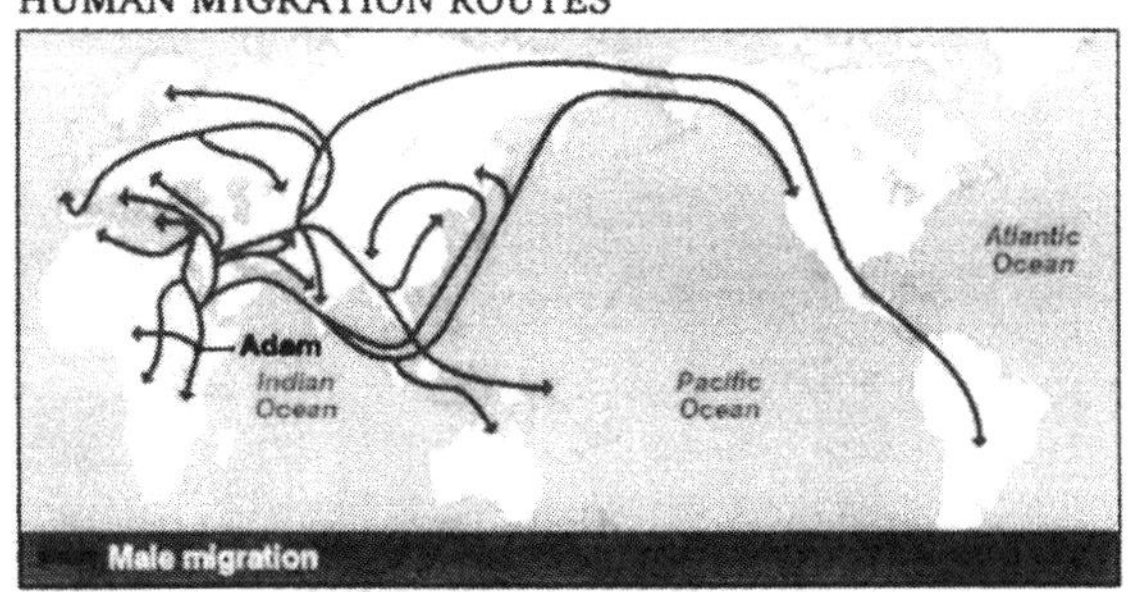

• Map shows first migratory routes taken by humans, based on surveys of different types of the male Y chromosome. "Adam" represents the common ancestor from which all Y chromosomes descended
• Research based on DNA testing of 10,000 people from indigenous populations around the world
Source: The Genographic Project

図1-1　新人の移動ルート（6～1万年前）

パレスチナの地から北東に移動した人たちの一部は南下してインドに達し、他の集団は天山山脈やタクラマカン砂漠を迂回して北上し、草を求めて移動する動物を追って3～4万年前にアジアの中央部に達した。その一部は更に北アメリカへと移動していった。

アラビア半島からインド南部を通って東進した集団は、東南アジアを北上し、4万年前ころから何波にも亘り沖縄を通って日本にやって来た。沖縄で発見される旧石器時代の人骨や本土日本の膨大な旧石器遺跡は、日本に到達した人々が日本列島で人口を増やし、人口圧によって半島や大陸、更には北米へ移動して行ったことを裏付けている。

別の集団はアラビア半島北部から東進し、約1万年前にラオスやベトナム北部で新たな集団が誕生した。それが中国人の主体を構成する漢族の祖先となった。

この事実は、日本民族は中国人や韓国人より遥かに早く誕生し、長い歴史を持っていることを示している。従って、約1万年以前の半島や大陸の文化は、稲作にせよ、石器にせよ、住居にせよ、漆にせよ、全て日本から移り住んだ人々が伝え、育(はぐく)んだものとなる。

大陸には日本人と同じＤＮＡを持つ民族もいるが、彼らの遠い祖先は日本からやって来た人々だったのである。

旧石器時代、半島はほぼ無人地帯だった

新人の拡散ルートが明らかになったことで、ネット上での伊藤俊幸氏の困惑も氷解することになった。

「これまで筆者は、最初の日本人が〈華北（黄河）文化センター→朝鮮半島→日本列島〉という経路で渡来し、その後もこのルートが断続的な文化流入ルートであったことを調べ、且つ確認してきた。そして当然、半島の南端で、対馬海峡に乗り出すグループと渡海を断念す

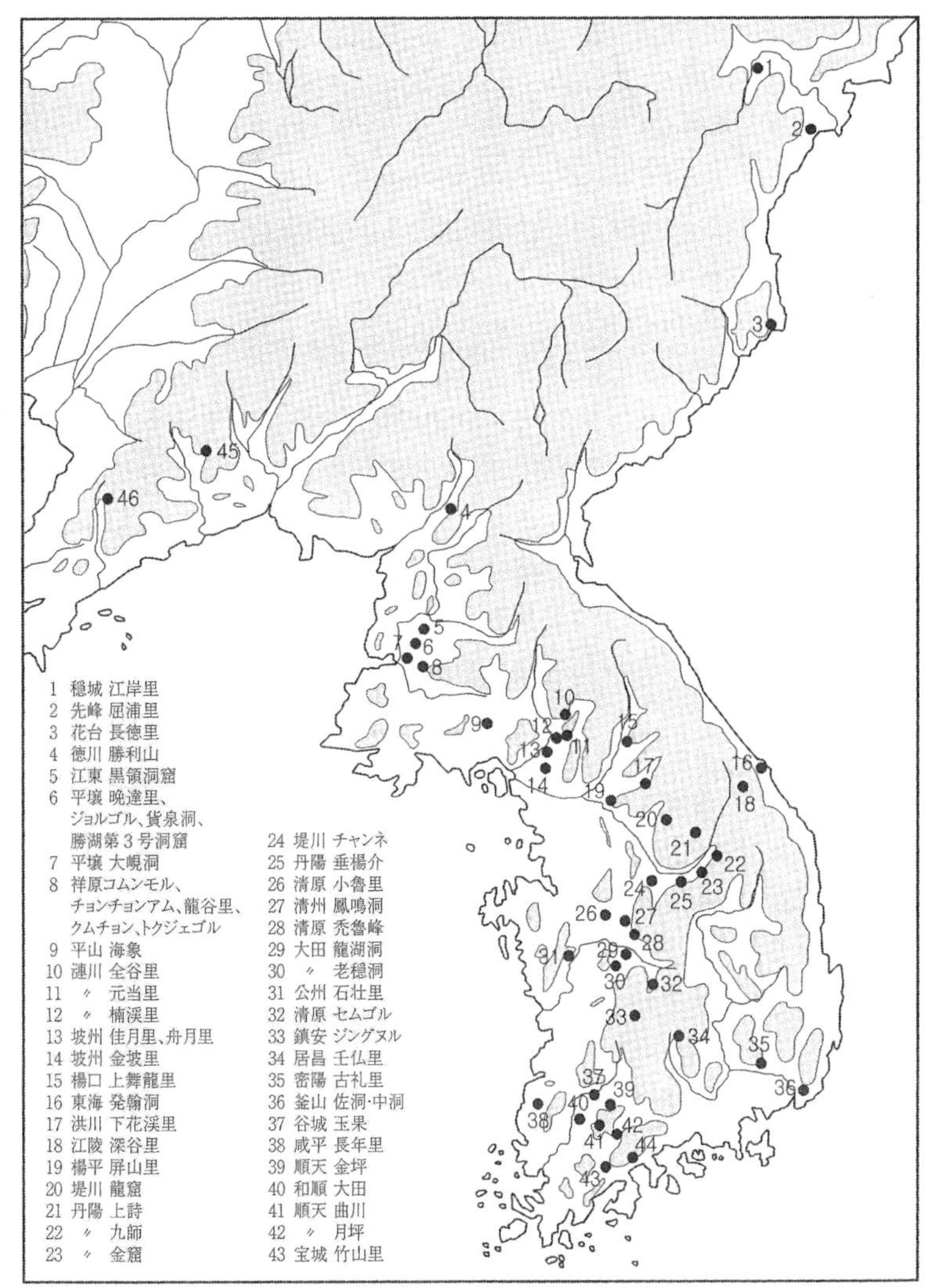

図 1-2　朝鮮半島の主な旧石器遺跡
（『概説　韓国考古学』P24 より）

るグループに分かれただろうと想定していた。
断念したグループは、半島南部の照葉樹林帯か、少し戻って中部以北のナラ林帯で、旧石器以来、日本列島におけるのと同様に、各々の文化を発展させてきたはずだと筆者は迂闊にも信じていた。しかし、韓国の前国立博物館館長、韓炳三が示す、右の図は衝撃的である。朝鮮半島では旧石器時代の遺跡は、50ヶ所程度しか発見されていなかった。このレベルの遺跡ならば、日本列島の旧石器時代の遺跡数は３０００～５０００ヶ所に上るというのに、である。

「これはどうしたことであろうか。半島の厳しい気候が一度、半島の南端まで達した人々を、また大陸まで引き返させてしまったのであろうか?」

筆者は最新データで再確認すべく、『概説　韓国考古学』（韓国考古学会編　武末純一監訳　同成社２０１５年）で調べると結果は変わらず43ヶ所に過ぎなかった。（図１・２）

（注）遺跡数を使った「人口圧からの証明」は割愛するが、興味ある方は拙著『日本人の祖先は縄文人だった』のp90以下を参照願いたい。

人々は日本から半島へ渡って行った

沖縄から九州へやってきた人々は、縄文時代になっても沖縄との間を往来していた。その彼らにとって、半島に行くことなど容易かったに違いない。この推測を裏付けるように、半島から多くの縄文土器が発見されている。

「対馬からほど近いこの慶尚南道や釜山広域市で、最近相次いで日本列島から縄文時代の人々が渡っていたことを示す痕跡が見つかっている。東三洞貝塚では大量の縄文土器と九州産の黒曜石が出土した。朝鮮半島には独自の土器があり、そこで出土する縄文土器は縄文人がやってきた確かな証拠品といえる」（『日本人はるかな旅④』NHK出版p93）

では東三洞貝塚とはどのような遺跡なのか。金両基監修の『韓国の歴史』（河出書房新社）は次のように記す。

「東三洞貝塚は三つの文化層からなっており、最下層の一期層からは隆起文・押引文・無文土器や磨製石器が、二期層からは櫛目文土器や黒曜石が、三期層からは無文平底土器などが発掘された。二期と三期の層から日本の縄文時代の中・後期の土器が発見され、注目された。そのころ、日本（九州）との交流があったことが裏づけられたからである」（4）

第一層の土器は、九州の縄文時代草創期（1万6000～1万2000年前）や早期（1万2000

～6000年前）の土器であり、半島南端には旧石器時代から人々が移り住んでいたことが分かる。縄文人は南部のみならず北部まで進出していた、と伊藤郁太郎氏（大阪市立東洋陶磁美術館　名誉館長）はネット上で述べていた。

「これら先櫛目文土器と名づけられたものは、東三洞の他、慶尚南道（半島南東部の海浜エリア）真岩里や咸鏡北道（北朝鮮北部）西浦項貝塚などからも発見され、最古の土器文化が広い地域にまたがっていたことが推測される。そして、それらの中に含まれていた豆粒文土器が、わが国の長崎県泉福寺洞穴や福井洞穴などから発見される日本最古と考えられている豆粒文土器と類似することは、日本と韓半島の交流の歴史を考える上で興味ある問題を提出している」（「韓国陶器の歴史」）

即ち、半島に最初の土器文化を伝えたのは、日本から移り住んだ人々だった。

多くの学者は「日本と韓半島間の交流があった」という。何かその時代から韓国人の祖先が半島に住んでいて、彼らと日本に住む縄文人の間で交流があったかのように思いがちだが、実態は、日本から半島各地へ移り住んだ人々が、日本との間を往来していたということだ。この時代、韓国人の祖先は半島に登場していなかったのである。

第2章　韓国人はいつ半島にやって来たか

半島から5000年間ヒトの姿が消えた！

その後の半島はどうなったか。伊藤俊幸氏は次のように続けた。

「・・・・・・・・・・次の表は更に衝撃的である。何とＢ・Ｃ１万年から5千年の間、遺跡が、すなわちヒトの気配が半島から無くなるのである。新たに遺跡が出てくるのは、7千年前、世界がヒプシサーマル期を迎えようとする時期からである」

（注）ピプシサーマル期：ＢＣ５８００年〜ＢＣ３５００年の気温が比較的温暖だった時期

氏が引用した『国立中央博物館』（通川文化社１９９３年）の年表には、確かに5千年もの長きにわたり、ヒトが住んでいた痕跡が消えていた。（表２－１）

これはどうしたことかと思い『概説　韓国考古学』で確認すると次のようにあった。

연　　표
CHRONOLOGICAL TABLE

나라 / 연대	한국 KOREA	중국 CHINA	일본 JAPAN
BC 30000	구석기시대 舊石器時代 PALAEOLITHIC	구석기시대 舊石器時代 PALAEOLITHIC	선토기시대 先土器時代 PRE·POTTERY PERIOD
10000 – 5000	//////////	신석기시대 新石器時代 NEOLITHIC	9000
5000 – 1000	신석기시대 新石器時代 NEOLITHIC / 빗살무늬토기문화 櫛文土器文化 COMB-PATTERN POTTERY CULTURE	앙소문화 仰韶文化 YANGSHAO / 용산문화 龍山文化 LUNGSHAN	조몽시대 繩文時代 JOMON PERIOD
1000		상 商 SHANG	
900		서주 西周 WESTERN CHOU	
800 – 500	청동기시대 靑銅器時代 BRONZE AGE / 고조선 古朝鮮 OLD CHOSON / 민무늬토기문화 無文土器文化 PLAIN COARSE POTTERY CULTURE	770 춘추시대 春秋時代 SPRING & AUTUMN / 동주 東周 EASTERN CHOU	
400		475 전국시대 戰國時代 WARRING STATES	
300	초기철기시대 初期鐵器時代 EARLY IRON AGE / 삼한 三韓 THREE HAN STATES	221 진 秦 CH'IN	300
200 – 100	108	206 서(전)한 西(前)漢 WESTERN HAN	
AD 0	57 / 42 / 18 / 37	25	
100 – 200	신라 新羅 SILLA / 가야 伽耶 KAYA / 백제 百濟 PAEKCHE / 고구려 高句麗 KOGURYO / 낙랑 樂浪 LOLANG	동(후)한 東(後)漢 EASTERN HAN / 220 삼국 三國 THREE KINGDOMS	야요이시대 彌生時代 YAYOI PEPIOD

表 2-1　東アジアの年表<韓国・シナ・日本>
（『韓国国立博物館』日本語版の年表・部分に加筆）

「韓半島では更新世の終息後、後氷期に該当する中石器時代と関連する確実な証拠はいまだ発見されていない。
　後氷期の最も古い遺跡としては、細石器と石鏃が隆起文土器と共に発見された済州島の高山里遺跡や、無土器遺物層が報告された統営上老大島貝塚最下層などがあるが、現在発見された証拠のみで中石器時代を設定することはできない」（37）

　半島の中石器時代とは、約1万1700年前に更新世が終息し、土器が製作され始まる紀元前5000年頃までを指すが、その間の実体は次のようなものだった。

「このような遺物は済州島のみで発見されており、旧石器時代の終息から紀元前五〇〇〇年頃までの長い時間に存在する確実な資料は、ほとんど何も知られていない」(43)

日本から半島へ移動した新人は、絶滅したか、他地域に移動したか、何れかの理由で半島はほぼ無人地帯になっていた。即ち〈表２‐１〉は現時点でも正しいことを韓国考古学会は追認していた。

薩摩硫黄島の大爆発とヒトの移動

では、何故この時期に人々は九州から半島へと移動したのか。

実は紀元前５３００年頃、薩摩半島の南東約50㎞の薩摩硫黄島辺りで火山の大爆発が起きた。その規模は想像を絶し、直径20㎞の鬼界カルデラが形成された程だった。

この爆発により、薩摩半島や大隅半島の海岸部は火砕流に飲み込まれた。加えて南九州は約30ｍ、大分県でも７ｍ以上の津波に襲われ、海岸周辺の集落は壊滅した。その後、南九州全域は30㎝以上の火山灰に覆われ、熊本や大分でも30〜10㎝程度の降灰があり、その影響は東北地方まで及んだことが確認されている。

この降灰により、九州の自然環境は大きな影響を受け、人々を各地に押し出す人口圧が一気に高まったと考えられる。

九州の人々の苦難は続いたが、狩猟採集が主な生業の縄文時代の人々にとって他地域へと移動しようとしても、四国や中国地方には人々が住んでおり、九州からの大人数の移動は困難だったに違いない。残る移動先の一つが沖縄であり、もう一つがほぼ無人地帯の半島だった。これが紀元前5000年頃から縄文時代の人々が九州から半島へと移住した主因と考えられる。

この時点にあっても韓国人の祖先は半島に登場せず、半島に住み始めたのは日本から移り住んだ人々だったのである。

櫛目文土器は日本人（縄文人）が作った土器である

先に紹介した『韓国の歴史』は、金両基・静岡県立大学教授が監修し、姜徳相、鄭早苗、中山清隆氏らが編集、その他に韓国人と日本人計10名の編集協力を得て、韓国文化広報部海外広報館、在日本韓国大使館韓国文化院、韓国の世界日報などが特別協力し、韓国の25もの博物館の協力を得て2002年に上梓された本である。そこに次のようにあった。

「紀元前五〇〇〇年ごろから韓（朝鮮）半島は新石器時代に入ったという。韓半島での新石器文化の概念は、ヨーロッパとは少し違い、櫛目文土器を使用していたことが一つの目安になっている。土器の表面に櫛や串のような施文具でつけられた幾何学的文様が描かれていることから、櫛目文土器と総称されるようになった。それは韓半島での初めての幾何学的文様土器で、韓半島独自の土器文化である」（4）

釜山東三洞　高（中）15.2cm

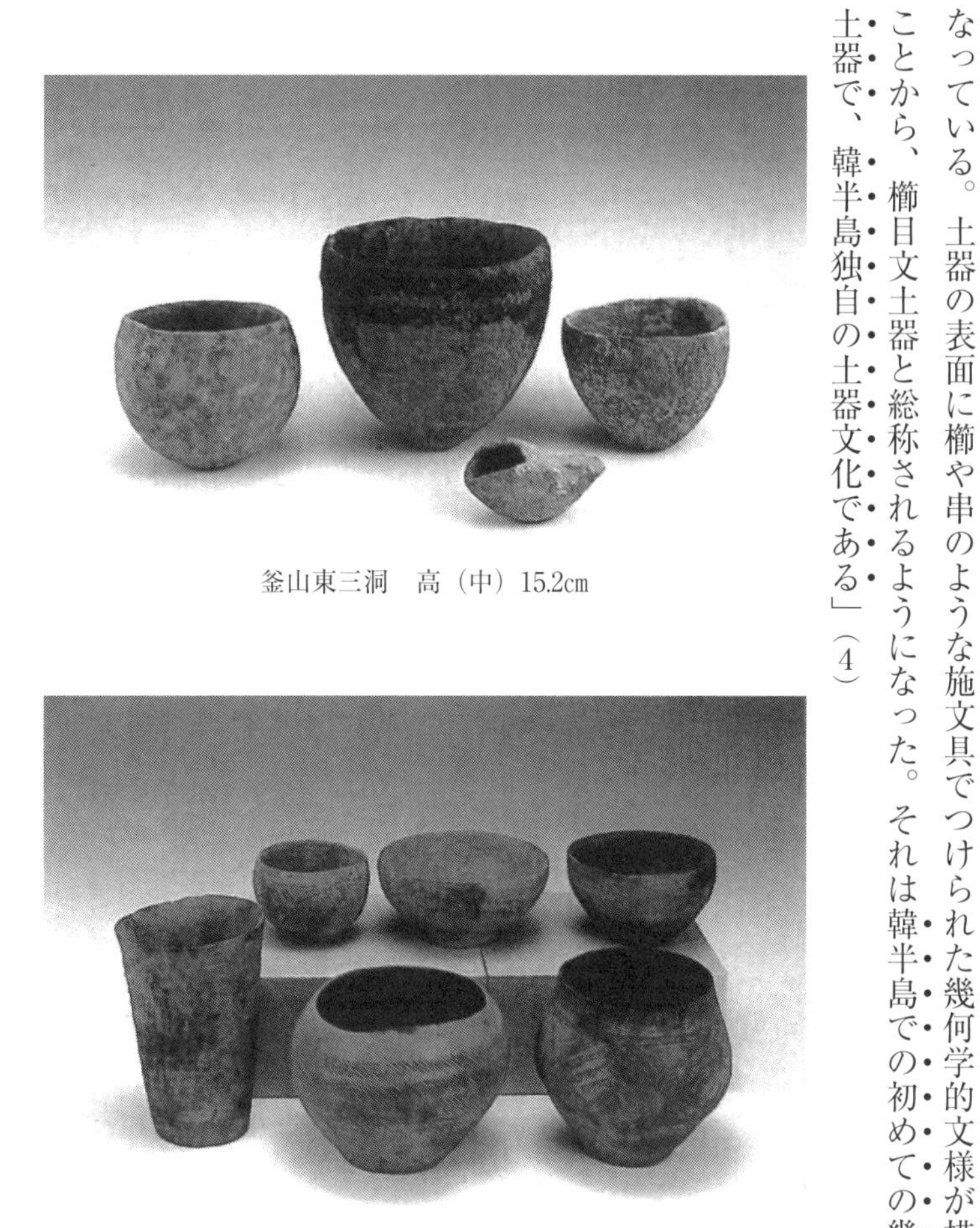

東北地方　高（左）16.0cm

写真 2-1　櫛目文土器

櫛目文土器が半島で最初の土器文化であったとしても、それらは韓国人の祖先が作ったものではない。この時代、韓国人の祖先は未だ半島に登場していなかったからだ。住んでいたのは日本から移り住んだ人々であり、櫛目文土器は彼らが作り、使った土器なのである。（写真２‐１）

隆起文土器も日本人（縄文人）が作った土器である

このことは隆起文土器についても言える。だが、この事実を知らない考古学者が多いようだ。例えば長崎新聞は「朝鮮系〈隆起文土器〉を確認」なる見出しの記事を載せていた。

「対馬市上県町越高遺跡で十八日、市教委と熊本大は二〇一五年から続ける発掘調査の現地説明会を開いた。発掘した土器片のほとんどが朝鮮半島系の隆起文土器で、朝鮮半島から渡ってきた人が暮らすため対馬で作ったものとみられる。

調査チームは、〈縄文時代の朝鮮半島と日本列島の交流を検証するうえで貴重〉と評価している。調査チームによると、越高遺跡は、縄文時代早期末（紀元前五〇〇〇年）から前期初頭（同四五〇〇年）にかけての遺跡。（２０１７年9月19日）」

この報道にある「朝鮮半島系の隆起文土器」や「朝鮮半島から渡ってきた人が暮らすため

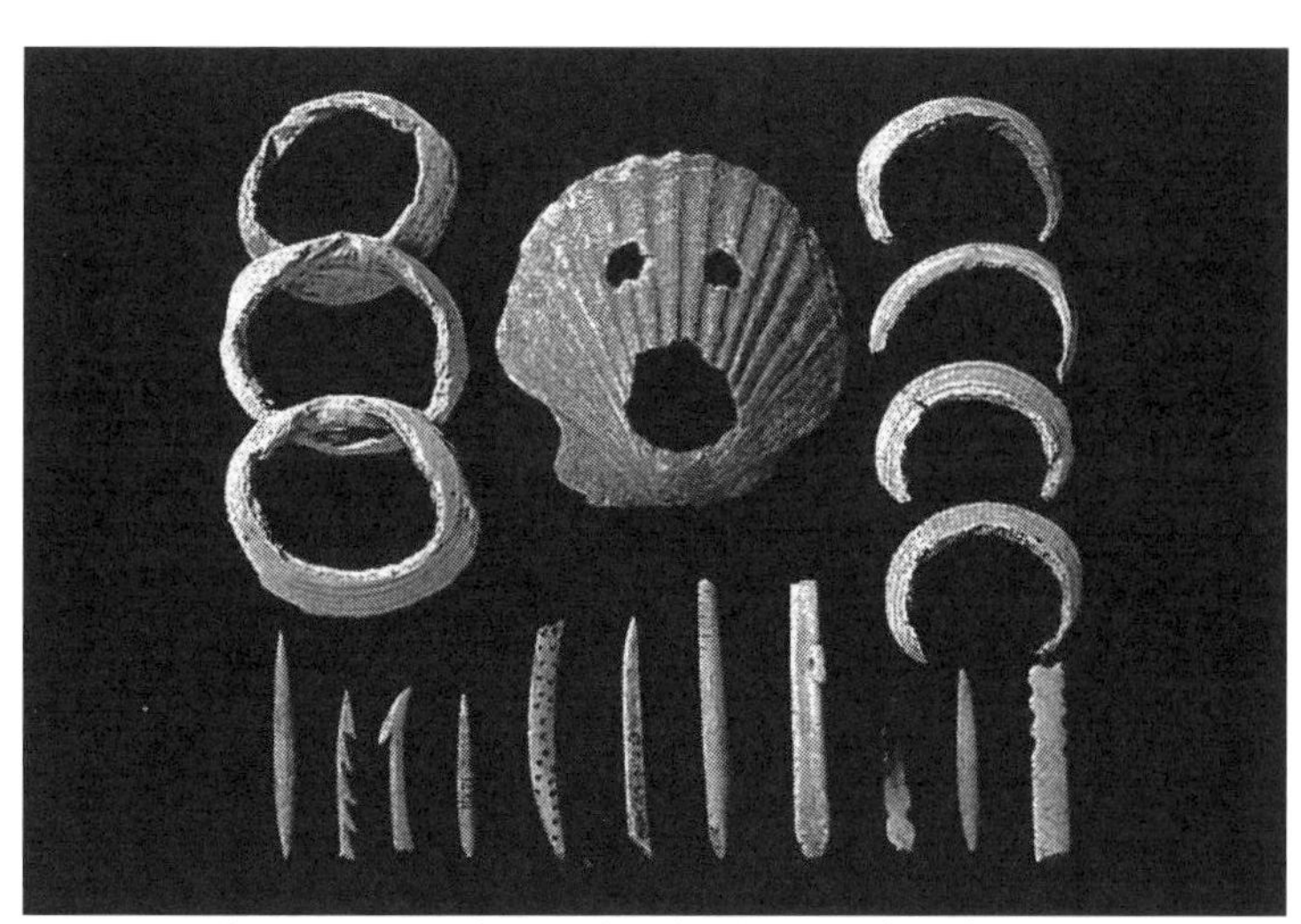

写真 2-2　貝・骨角器　釜山東三洞　長（貝面）　11.5㎝

対馬で作ったもの」なる記述は間違いである。話は真逆で、縄文時代に人々が対馬を拠点に半島へと移り住み、この土器を半島に伝えたのだ。

何故なら、紀元前1万年から前5千年まで半島は無人地帯だったから、半島から人が越高遺跡に渡って来られるはずがない。多くの日本の考古学者同様、熊本大学の考古学者チームも、韓国考古学と韓国史に〝無知〟なことが良く分かる。

東三洞貝塚からは、縄文土器、黒曜石、釣針、他に熊本県阿高貝塚で出土した貝面とそっくりの貝面が出土しているが、それらも日本人が遺したものなのだ。（写真２‐２）

この時代になっても韓国人の祖先は半島に登場していなかったからである。

国際縄文学協会・前理事長からの手紙

平成22年5月、筆者は『日本人ルーツの謎を解く』を世に出した。この本で小山修三、埴原和郎、宝来聡、中橋孝博各氏らの論の問題点を指摘したが反論は来ず、思いもかけず、同年末に国際縄文学協会の西垣内堅祐理事長から一通の手紙を頂戴した。

「展転社刊の貴著『日本人ルーツの謎を解く』を拝読させていただきました。昔、遺跡調査で行ったピョンヤンの国立博物館で縄文土器を見たことがありました。どうして朝鮮半島に縄文土器があるのだろうと不思議に思いました。問題意識が余りなかったので、それ以上調べませんでした。

しかし、最近、韓国のソウルにある国立博物館の先史コーナーに縄文土器が沢山展示されているのを見てきました。そこには、日本語の説明があり、九州の縄文土器と類似していると書かれていたように記憶しています。

何故朝鮮半島で縄文土器が発掘されるのだろうという根源的な問いに対する答えを得たわけではありませんでした。私自身を支配している通念があったためでした。貴著を拝読して初めて疑問に思っていた謎が解けました（以下略）」

そして西垣内理事長がお亡くなりになる前、ソウルの韓国国立博物館で撮ってきた写真の

コピーを大量に送って下さった。その一部を紹介しておく。（写真２‐３）

前2000~前1500年頃、韓国人の祖先がやって来た

では韓国人の祖先は何時ころ半島に現れたのか。

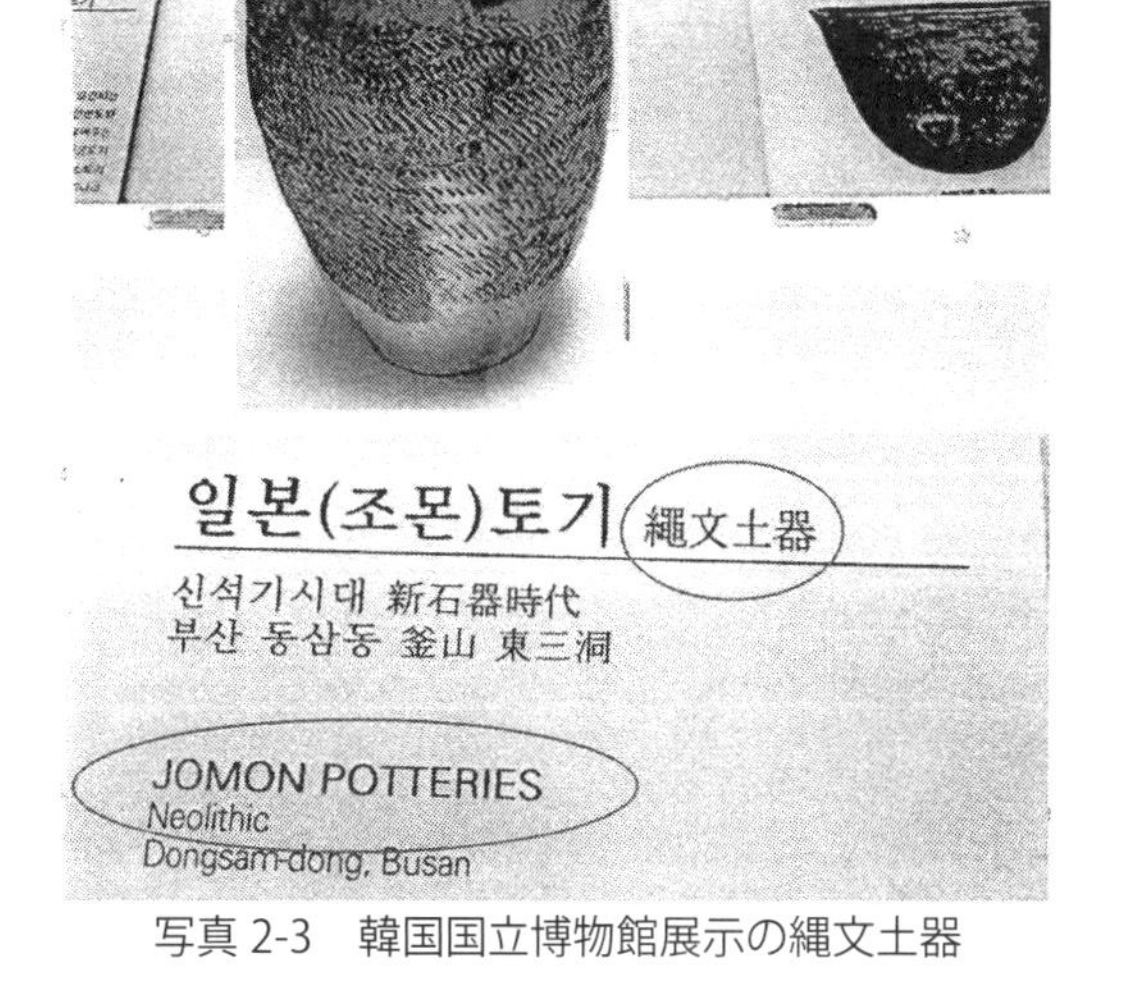

写真 2-3　韓国国立博物館展示の縄文土器

「旧石器時代人は現在の韓（朝鮮）民族の直接の先祖ではなく、直接の先祖は約四〇〇〇年前の新石器時代人からである。そう推定されている」（『韓国の歴史』Ｐ２）

韓国考古学会も次のように追認した。

「新石器時代は、紀元前

二〇〇〇年から一五〇〇〇年の青銅器時代のはじまりとともに終わりを迎える」（『概説　韓国考古学』p43）

事実に即して語れば、半島には3000年以上縄文人が住み続け、文化を伝え、育んでいた。従って、半島文化の大本は日本から伝えられたものなのだ。

その後、青銅器文化を持った韓国人の祖先が北方から半島へ流入してきた。そして徐々にではあるが、半島の縄文社会を蚕食し、民族的混合も起こし、文化的変容を伴いながら南へと拡大していったのである。

東アジアの文化センターは日本だった

今から約1万6000年前の土器が、下北半島の太平山元Ⅰ遺跡から発見された。これは世界で最古級の土器だった。九州からも同年代の土器が発見され、以後、日本では連綿と土器が作り続けられ、今日に至っている。

北海道の垣ノ島B遺跡からは、世界最古の漆器（約9000年前）が発見された。それはシナより2000年も早い漆であり、その後も縄文遺跡から多くの漆製品が出土している。

高床式建物も弥生時代に伝えられた建築様式ではない。約5000年前の青森の三内丸山では高床式建物が造られており、それが復元されている。かつて、「高床式建物は稲作と共に朝鮮半島からもたらされた」などと実(まこと)しやかに教えられていたがウソだった。

人々は日本から半島や大陸へと移動し、ヒトの流れと共にイネ、漆、土器など様々な文化が彼の地に伝えられた。即ち、東アジアの文化センターは日本だった。この流れにシナや半島での主な出来事を書き加えると次のようになる。

12万年以前	大陸と陸続きだった日本列島に旧人がやってくる
約4万年前	南から日本に新人がやってくる
3万6千年前	沖縄でこの時代の人骨が発見される
	府中市・武蔵台遺跡、約3・5万年前の大規模旧石器遺跡が発見される
	人々は日本から韓半島やシナ大陸へと移動
3万年前	種子島の立切遺跡などで人々の定住生活が営(いとな)まれる
2万9千年前	南からきた新人が北海道に到達し更に北上する
2万4千年前	鹿児島県・耳取遺跡、南からやって来た人々の定住生活が始まる
	今度は北から人々がやってきて北海道に達し更に南下する
2万2千年前	南方スンダランドから新人が再び日本列島へ向かう
1万6千年前	青森で世界最古級の土器が作られる
1万3千年前	南九州に集落が現れる

1万2千年前　南九州で南方起源を思わせる独自の縄文文化が展開する
　　　　　　鹿児島県の遺跡からイネとキビのプラントオパールを検出
　　　　　　島根県・板屋Ⅲ遺跡からイネとキビのプラントオパールを検出
1万2千年前　韓半島から人影が消える
1万年前　漢族の祖先が南部シナで誕生する
日本からシナ大陸へ移動した人々が熱帯ジャポニカ米を伝える
9500年前　南九州で定住集落（上野原遺跡）が成立
7300年前　薩摩硫黄島で大爆発が起きる
7000年前　長江下流域で原初的天水田稲作が始まる
7000年前　無人の韓半島へ縄文人が渡って行く
6000年前　朝寝鼻貝塚からイネのプラントオパールを検出
4000年前　縄文人の住んでいた韓半島へ北方から人々が侵入し始める
3000年前　北部九州で縄文人による水田稲作が定着（菜畑遺跡）

第３章　半島の古人骨は韓国人に似ていなかった

韓国人の特徴・短頭・高顔・蒙古ヒダ・扁平顔

ヒトのルーツを探る古典的な手法に形質人類学がある。それは「人骨の各部位を測定し、それらのデータを比較検討することで、ヒトの系統関係やルーツを推定する」というものだ。例えば、溝口優司氏は次のように記していた。

「日本人は、南方起源の縄文人の後に、北方起源の弥生人が入ってきて、置換に近い混血をした結果、現在のような姿形になったのです」（『新装版　アフリカで誕生した人類が日本人になるまで』SB新書ｐ182）

氏の云う〝北方起源の弥生人〟とは主に半島からやって来たと思われるが、今の韓国人の特徴について、小片丘彦（たかひこ）氏は『朝鮮半島出土古人骨の時代的特徴』（鹿歯紀要18：１９９８年）（以下　鹿歯紀要18）に於いて次のように記していた。

「I．はじめに

短頭、高顔、蒙古ヒダ、扁平な顔。現在、朝鮮半島に居住する人々に広く見られるような身体的形質は、いつ頃から備わるようになったのであろうか。中国や日本など、周辺地域の人々の中にも程度の差はあれ、同じような特徴を持つ人が散見される。

近隣の人々とよく似ているのは当然のこととも言えるが、その類似性がどの程度、人的な結びつきの強さを表すのであろうか。身長や頭形などは、同じ半島の中でも、南北の地域差が指摘されている。こうした身体形質に関する問題を解き明かしていくことは、民族の起源を探ることにもつながる。当講座は、釜山大学校博物館と国立晋州博物館の協力により、慶尚南道出土の古人骨に関する研究を継続してきた。１９７６年から現在まで、携わった遺跡は10ヵ所程になるが、検出された個体数が多かった3遺跡の人骨について、これまでの分析結果をまとめてみたい」(1)

ここで小片氏が指摘した、韓国人の特徴について簡単に説明しておく。

①短頭とは、頭の幅に比して前後の長さが短い平べったい頭を指す。

②高顔とは、顔が細長く、なのに妙にエラが張っていたりしている。

③蒙古ヒダとは、上まぶたが目頭を覆うので極めて細く小さな目となる。

④扁平顔とは、鼻が低くて唇も薄く、出っ歯はまずいない。

これらは男女を問わず韓国人の一般的特徴である。では、半島の古人骨はどのような特徴だったのか、小片氏の研究成果に添って追ってみたい。

最古の人骨は縄文人骨に似ていた

小片氏が『鹿歯紀要18』を公表した20年の後、中橋孝博氏は『日本人の起源』（講談社学術文庫　２０１９年）で次のように記していた。

「朝鮮半島の古代住民には以上のようにまだ多くの疑問が遺されたままだが、ただ、今のところ縄文人タイプの人骨が日本列島内でしか見つからないとはいっても、その大元は大陸にある以上、いずれかの時点まで少なくとも大陸沿岸や離島などに縄文人と共通形質を持った住人が残存していたとしても何ら不思議ではない。あるいは煙台島人骨はその一端をしめすものであろうか」(278)

氏は「縄文人の大元は大陸にある」と書き、「縄文人は南方からやって来た」という埴原和郎や溝口優司氏との食い違いを見せた。また、小片氏が煙台島で古人骨を発掘したことを知りながら、〃であろうか〃と言葉を濁した。では『鹿歯紀要18』に何が書いてあったのか。

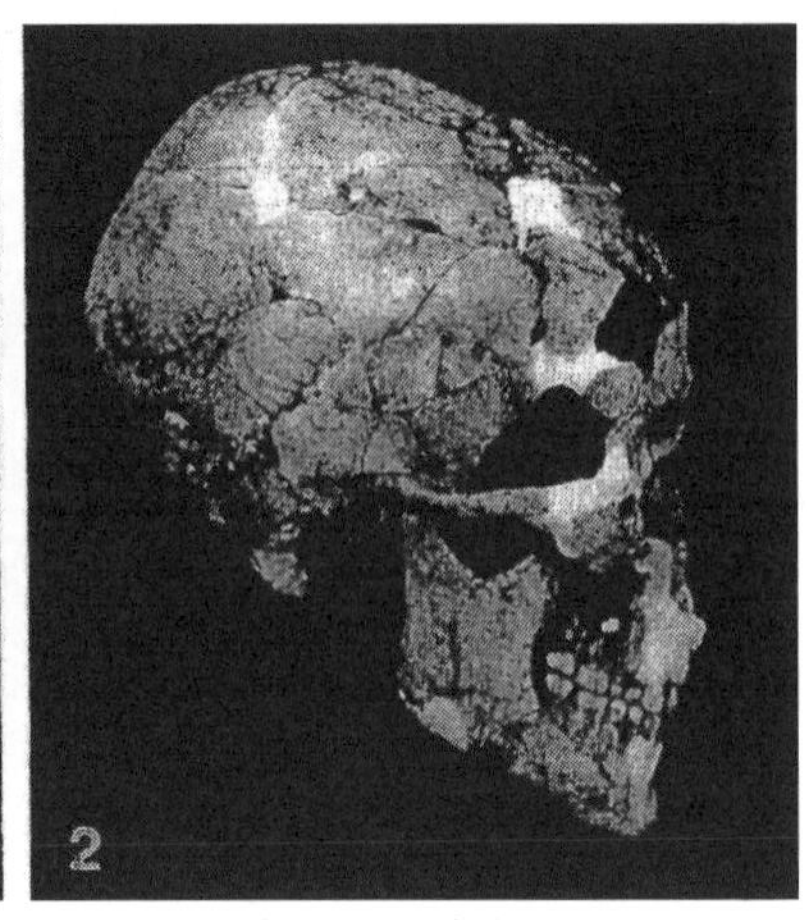

写真 3-1　韓国の煙台島で発掘された約前 4000 年紀の頭骨

「Ⅰ．煙台島人骨（図１）
煙台島は南海岸の島嶼（とうしょ）地域に点在する小島で、慶尚南道島営部に属す。煙台島煙谷里では、国立晋州博物館が１９８８年から４次にわたって貝塚遺跡の調査を行い、土壙墓（どこうぼ）から15体の埋葬人骨と少数の散在人骨を検出した。所属年代は前４０００年紀の新石器時代前期である。遺跡を覆う礫と土質の影響で、保存不良な個体が多く、計測ができた部分はごく限られたが、いくつかの興味深い所見が得られている。煙台島人の頭蓋冠は全体に厚く、頑丈である。咬合様（こうごう）式は、前歯部が確認できた六例すべてが鉗子（かんし）状である」（１）

〝鉗子状咬合〟とは上下の前歯が毛抜きのように合わさる形状を指し、縄文人の特徴とされる。では全体に見て如何（いか）なる特徴を持つ人骨だったのか。

「周辺地域の同時代資料としては、日本の縄文時代人骨の研究が進んでいる。山口（Yamaguchi）は縄文人骨に共通する形態特徴として、長さと幅が大きく高さがやや低い脳頭蓋、眉間と鼻骨の隆起、低顔性、鉗子状咬合、長い鎖骨（中略）といった事項をあげている。煙台島人は、個体ごとに差はあるものの、これらの特徴と多くの点で一致する」（3）

（図1）とは〈写真3 - 1〉であり、その形質は日本で発掘される縄文人骨に酷似していた。この事実は、縄文時代に人々が日本から半島へ渡って行った確たる証拠であり、韓国考古学会の正しさを裏付ける結果になった。従って中橋氏の一文、「今のところ縄文人タイプの人骨が日本列島内でしか見つからない」は誤り（あやま）か偽り（いつわ）であった。

前1世紀の古人骨も韓国人に似ていなかった

次の時代の半島人骨について、中橋氏は次のように書いていた。

「縄文末期から弥生時代相当期の人骨出土が待望されているが、かの地も日本のように酸性土壌が全土を覆（おお）っていて人骨の保存にはかなり厳しい環境にある。

幸い、半島南端の勒島（ろくとう）などで発見された貝塚から多数の弥生相当期の人骨が出土し、かなり個体変異も見られるが日本の縄文人とは大きく異なって北部九州弥生人などに共通する特徴の持ち主であることが明らかにされている」（『日本人の起源』p243）

では、小片氏は何と書いていたのか。

「I. 勒島人骨（図2）
島の南東部に位置する海岸沿いの斜面からは、73基にのぼる墓が見つかり、多数の人骨が出土した。所属年代は伴出遺物などから紀元前1世紀代とみられる。埋葬遺構は、土壙墓と甕棺墓が相半ばしており、石棺墓も1基だけ検出されている」（3）

甕棺墓が半数近くあったと云うことは、この地は北部九州の影響下にあったことを意味する。その彼らはどのような形質だったのか。

「復元の終わった成人頭蓋（とうがい）は男性5例、女性6例である。破損によって計測できない頭蓋もあるが、主要計測値から概観してみると、脳頭蓋は男女とも前後に長く（中略）」（3）

「勒島人は、北部九州の渡来系弥生人とも、西北九州の在来系弥生人とも形質的に違いがみ

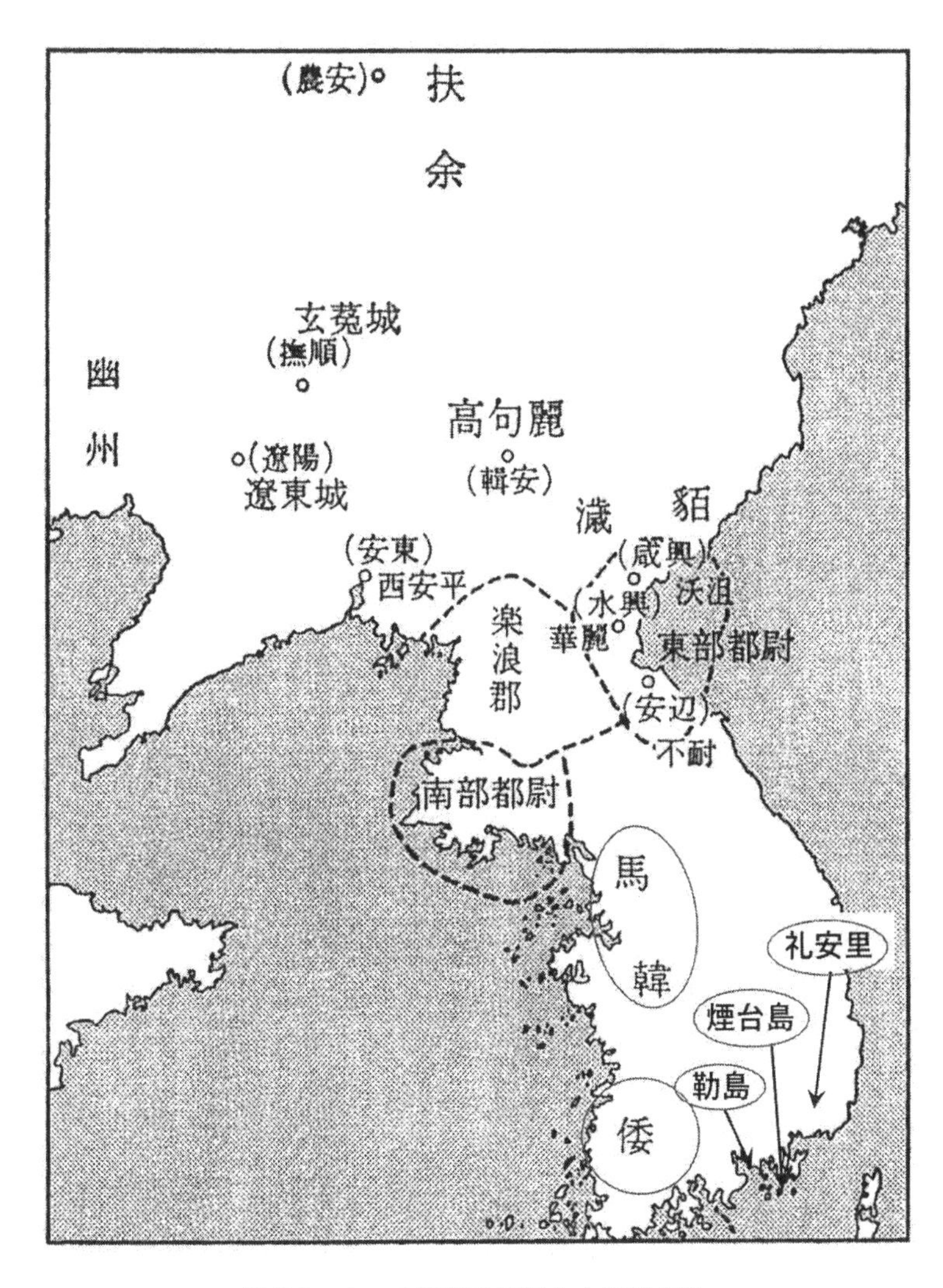

図 3-1　１～２世紀の半島と人骨発掘地
（井上秀雄著『古代朝鮮』講談社学術文庫　P45 に加筆）

られる」（4）

中橋氏は「北部九州弥生人などに共通する特徴の持ち主である」と書いていたが、小片氏は「北部九州の渡来系弥生人とも形質的に違いがみられる」と記しており、中橋氏の記述はここでも誤りか偽りとなった。また小片氏は次なる事実も明らかにした。

「勒島遺跡からは北部九州との交流を示す城ノ越式と須玖Ⅰ式の特徴を示す弥生系土器も出土している。当時、朝鮮半島と九州の間では広範囲の交渉が行われていたのであろう」（4）

出土した土器形式から、この地は倭人が住む地域と判断され、当時のシナ人の理解と一致する。（図3－1）

ヒトの骨格は時代と共に変わっていく。彼らの脳頭蓋も食生活や生活環境の変化により、次第に変わって行ったようだ。それでも彼らの脳頭蓋形状は男女とも前後に長く、〝短頭〟の韓国人とは異なっていた。即ち、彼らも韓国人の祖先ではなかった。

三国時代の人骨も韓国人に似ていなかった

次の時代、半島南部で発見された集団墓地について小片氏は次のように記していた。

「3．礼安里人骨

釜山市の近郊に位置する金海礼安里遺跡群は、4～7世紀に築かれた伽耶人の集団墓地である。（中略）礼安里遺跡群は、三国時代の伽耶地域における墓制変化と遺跡編年を確立するうえで重要な役割をはたした遺跡である」（4）

「礼安里人は、眼窩の高さと鼻根部の扁平性が際立っている。また現代朝鮮人との間にも、頭高さを始め、かなり多くの相違点がある」（6）

「そこで、頭蓋計測値9項目（中略）を用いて礼安里人と比較諸集団とのPenrose形態距離を算出してみた。この距離が小さいほど形態的に似ていると見なされるが、（中略）現代朝鮮人からの距離も大きい」（6）

「日本資料のうちでは、北部九州・山口の弥生、古墳人に近く、縄文人や在来系と言われる西北九州弥生人との距離が大きい点は注目される。同じ9項目の計測値をもとに主成分分析を行い、周辺地域の古代から現代に至る代表的集団を2次元展開図にプロットしてみると、相互の位置関係が一層明瞭となる（図-5）」（6）

〈図-5〉が〈図3-2〉である。この図に対して小片氏は次のように記していた。

「いずれをとってみても、礼安里人は北部九州・山口地方の弥生、古墳人集団に近いという

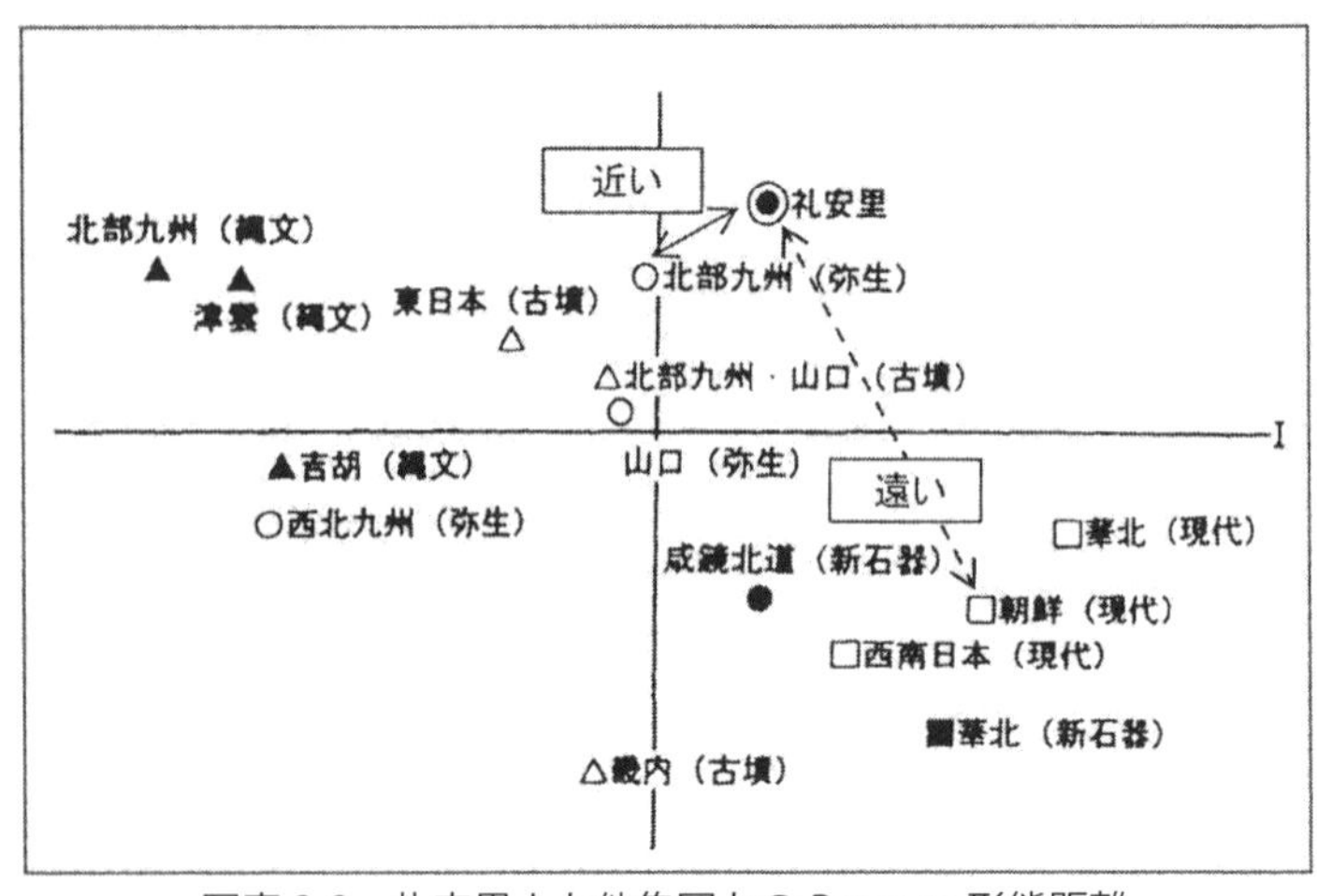

写真 3-2　礼安里人と他集団との Penrose 形態距離
（『鹿歯紀要 18』P6 の図 5 に一部加筆）

結果が得られる」（6）

彼らも韓国人の祖先ではなく、その時代の日本人と同じ集団に属していたことになる。

形質人類学の限界

小片氏は、縄文、弥生、古墳時代の半島南部の人々は何れも同時代の日本人に似ており、今の韓国人とは似ていないことを明らかにした。しかし多くの課題が未解決であり、その一つが、氏が指摘した次なる問題だった。

「Ⅳ．日本における〝渡来人〟問題

金関丈夫は、日本の弥生時代を中心に起こった形質変化の主因を朝鮮半島からの渡来集団との混血に求める、いわゆる〝渡来説〟を提唱した。北部九州・山口地方の遺跡から出土する弥生人骨は、縄文人骨をはるかにしのぐ高顔・高身長を示す。
その主因として縄文時代から弥生時代への移行期に、朝鮮半島から稲作や金属器などの文化要素とともに、人的な渡来があったと想定したのである」（7）

だが次なる問題に直面した。

「福岡県新町遺跡の弥生期初頭期人骨が縄文人的形質を示したことで、渡来人の系統や到着地について、新たな疑問が投げかけられている。例えば、稲作伝来の起点と考えられる中国江南地方から、低顔・低身長の人々が日本に渡ってきた可能性である。もしそうであれば、朝鮮半島にもその痕跡が残ってはいないのか」（7）

上記の一文には若干の説明が必要になる。新町遺跡からは支石墓と甕棺墓など57基が発掘された。その中で支石墓に葬られていた保存状態の良い9号人骨は、渡来系の形状だろう、と誰もが予想した。何故なら、考古学者は「支石墓は半島由来」と信じ切っていたからだ。処が予想は見事に外れ、その人骨は縄文形質だった。

そこで、弥生初頭期は水田稲作の開始時期でもあり、水田稲作は「中国江南地方から、低顔・低身長の人々が日本に渡ってきた」なる仮説をたてたようだ。

だがこの仮説は、なぜ菜畑遺跡からシナの土器が出土しないのか、なる問に答えられない。加えて、考古学者や形質人類学者は次なる問題も解決できなかった。

そこでさらに、朝鮮半島人の源流はどこへたどれるのか、という次の問題である。これを頭部の二、三の形質に着目して考えてみたい。

「V．朝鮮半島住民の源流

内容は割愛するが、明確な回答に至れず、次なる一文で終わっていた。

「現代朝鮮人の頭蓋形態は、礼安里人や勒島人と大きく異なるが、これは日本人や中国人の現代人と共に、華北の影響が及んでいるからとも考えられる」（8）

ヒトのルーツを探ろうとする形質人類学者は、「人骨は時代や環境により変わっていく」という鈴木尚氏の研究成果を採用しない場合が多い。これを是とすれば、人骨からヒトのルーツを探る手法が意味をなさなくなるからだ。だが実際は変わっていく（『日本人の祖先は縄文人だった！』p177）。混血によっても変わっていくが、何が原因なのかは特定できない。これが形質人類学から韓国人のルーツを探る限界だった。

第４章　分子人類学が明かす韓国人のルーツ

なぜＤＮＡでヒトのルーツが分かるのか

20世紀後半になると、ヒトのルーツ研究手法として〝分子人類学〟が脚光を浴びるようになった。この研究はｍｔＤＮＡから始められたが、それは塩基対が1万６０００程度と小さく、解析が容易だったからだ。対するＹ染色体は、ルーツ研究に最適なことは分かっていたが、塩基対は５０００万を超え、解析が困難だった。

だが、21世紀になるとこの解析が出来るようになり、様々な研究成果が公表されるに至った。では、なぜＤＮＡでヒトのルーツが分かるのか。篠田謙一氏は次のように記していた。

「子供は、両親から半分ずつの遺伝子を貰うことになります。しかしそこには例外が二つあります。ひとつは細胞質なるミトコンドリアのＤＮＡで、これは母親のものがそのまま子供に受け渡されます。もうひとつは男性をつくる遺伝子の存在するＹ染色体で、これは父親から息子に受け継がれることになるのです」（『人類の起源』中公新書Ｐ74）

「その多様性は、もともとはひとつのＤＮＡ配列から生まれたものなので、その変化を逆にたどると祖先を一本道でさかのぼることができます。この方法を系統解析と呼び、男性と女性がどのように世界に拡散したかを明らかにすることができます」（75）

この原理を使ってヒトの拡散を解き明かしたのがジェノグラフィック・プロジェクトの示す拡散図だった。ではその後、韓国人、中国人、日本人は如何なる関係にあったのか。

篠田氏の謬論「縄文人は半島からやって来た？」

日本には国立遺伝学研究所が運営するＤＮＡデータバンクがあり、世界中の研究者が分析したあらゆる生物のＤＮＡ情報が登録されていると云う。ここにアクセスした篠田氏は、縄文人や弥生人と同じｍｔＤＮＡを持つ現代人がどこにいるか調べた。

「この中で注目されるのは、朝鮮半島の人たちの中にも縄文人と同じＤＮＡ配列を持つ人がかなりいることです（中略）。ＤＮＡの相同検索の結果を見る限り、朝鮮半島にも古い時代から縄文人と同じＤＮＡを持つ人が住んでいたと考えるほうが自然です。

縄文時代、朝鮮半島の南部には日本の縄文人と同じ姿形をし、同じＤＮＡを持つ人が住んでいたのではないでしょうか」（『日本人になった祖先たち』ＮＨＫブックスｐ177）

これは考古学や形質人類学から得られた当然の結論である。しかし、次なる一文から、氏は韓国考古学をご存じないことが分かる。

「玄界灘の沿岸にある支石墓に眠る人たちは、朝鮮半島から渡来した縄文人と同じ姿形をした人々だったのではないでしょうか」(177)

氏の指摘する「玄界灘の沿岸にある支石墓」の被葬者は縄文形質だった。そこで篠田氏は、上記のように推測したと思われるが、氏の理解は誤りである。次も重要なので再度指摘させて頂く。

NHKが流す虚偽番組

２０１８年12月23日、ＮＨＫ『サイエンスＺＥＲＯ』の【日本人成立の謎　弥生人のＤＮＡ分析から意外な事実が判明】が放映された。ここに登場したキーマンが篠田謙一氏であり、この番組を教材に〝ペテン〟の手練手管を復習したい。

舞台は鳥取県の青谷上寺地(あおやかみじち)遺跡。

篠田氏は、ここから発掘された人骨32体のｍｔＤＮＡ解析から「縄文系は一体だけで他は全て大陸にルーツを持つ渡来系だった」、即ち「約97％が渡来系」と図を添えて断言した。

その上で、「北部九州だけではなく、想定より広い範囲に渡来系の人々がやって来た、と考えざるを得ない、というのが今回の結論です」と断じた。

だが、氏の言う〝DNA〟とは〝mtDNA〟解析からの推論なのだから〝人々〟ではなく〝女性の約97％が渡来系〟と推定したに過ぎない。

〝引用文〟（p49）から分かる通り、氏は、mtDNA解析は〝女性の系統解析手段に過ぎない〟ことを知っていたが、この番組では述べなかった。述べれば「では男性はどうなのか？」なる疑問が生じるからだ。

そこでNHKと篠田氏は「騙しのテクニック＝部分欠落の手法」（『新　文系ウソ社会の研究』p280）を用い、Y染色体のデータを欠落させて視聴者を欺いたのではないか。

何故なら、古人骨から採取されたY染色体データは多くはないが、現代の韓国や中国人男性のY染色体と日本人とを比べることで事の真偽を知ることができるからだ。その理由を分子人類学者の中堀豊氏は次のように解説していた。

「たとえば、5万年前に、ある男性に2人の男子ができたとする。2人のY染色体の元になったY染色体はもちろん元の男性のものであり、世代を伝わるうちに何の変化も起こらなければ、2人のY染色体は5万年経っても全く同じものとして伝わっているはずである。

これに対して、一対の常染色体は卵子や精子を作る減数分裂で必ず組換えを起こすから、先祖のものがそのままの形で伝わっていることはない。

では、ある変化が一人の男性のY染色体に生じるとどうなるか。その男性からY染色体を受け継ぐ男性は、全てその変化を受け継いでいる。したがって、現存するY染色体の多型を調べると、途中で起きた変化と、それぞれのY染色体の系統関係が確実に分かるのである」

（『Y染色体からみた日本人』岩波書店p49）

時代によりヒトの形質が変わっても、Y染色体に蓄積された突然変異（多型）を解析することで男性のルーツが分かるということだ。

Y染色体の〝系統解析〟が明かす真実

日本人の97％が韓国人や中国人と同じ祖先なら、これらの国の人々のY染色体ハプロタイプは似ているはずである。処が篠田氏は、自著で次のように記していた。

「このグラフ（図4‐1：引用者注）を見ると直ぐに気づくと思いますが、日本と朝鮮半島、中国（台湾の漢民族）で大きく違っています。その原因は、ハプログループDの頻度にあることは明瞭です。日本の近隣集団では、ハプログループDをこれだけの高頻度で持っている集団はありません」（『新版　日本人になった祖先たち』NHKブックスp140）

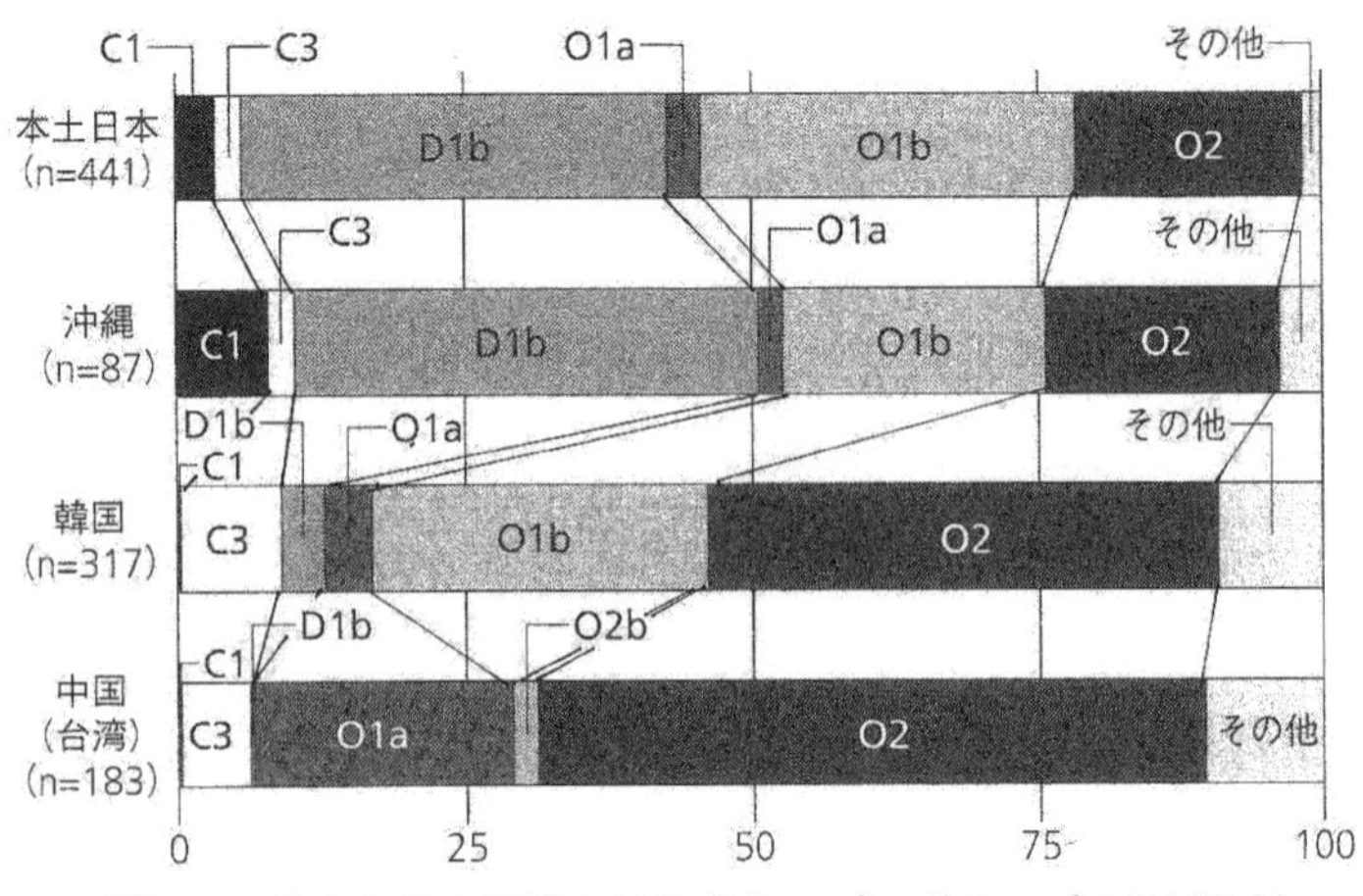

図 4-1　日本とその周辺のＹ染色体ハプログループの地域比較
(Nonaka et al.2007 を改変)
(『新版 日本人になった祖先たち』図 5-10 に加筆)

この問題を論じた篠田氏と脳科学者・茂木健一郎氏との対談の一部を紹介しておく。

篠田　実際、Ｙ染色体のハプログループの出現頻度を現代人で見ると、日本人はものすごく他と違うという結果が出ています。ミトコンドリアだと、きれいに東アジアの北の方の人と同じになりますが、Ｙ染色体だと、中国と朝鮮半島はある程度似ているんですが、日本人の特殊性が際立っている。（後略）

茂木　日本人だけ、Ｙａｐ＋（Ｄ１ｂ）というハプログループが多いんですね。

篠田　そうです。これが何を意味するのか、

茂木　今のところうまい結論を出せていないんです。ただ一般にＹａｐ＋は、古い時代から日本にあると考えられており、縄文人が持っていたといわれます。つまり、日本人のＹ染色体では縄文人の遺伝子頻度が高い。

篠田　ミトコンドリアとＹ染色体では結果が違う。

茂木　今の話でいうと母系は弥生で、父系は縄文ということになってしまいますね。

篠田　すると「渡来人は全員女だった」という話になるんです。これはおそらく絶対にありえない。（篠田謙一編『別冊日経サイエンス194』ｐ119）

篠田氏は、誰でも抱くであろう茂木氏の質問に窮した。それは氏の論理的結構に欠陥があるからだ。この違いの意味を斎藤成也氏は次のように解説した。

「日本列島ではかなりの頻度で存在しているが、その周辺ではほとんど見つからない遺伝子が存在することは、三〇〇〇年前以降という、人類進化の時間スケールでは最近に属するころに、縄文時代の人々から弥生時代の人々に集団が置換したという考えを否定するものだ。

なぜなら、このような置換を仮定すると、日本列島に特異なタイプは、置換した後に生じたと考えなくてはならないからだ。しかし、これはほとんど不可能である」（『ＤＮＡから見た日本人』ちくま新書Ｐ105）

その上で、「この突然変異はもっとずっと古い時代、おそらく縄文時代かそれ以前に出現したと考えたほうがよいのである」(106)と断言した。

すると〈図4-1〉から、中国人に殆ど見当たらない〈D1b〉、〈C1〉、〈O1b〉を加えただけで、日本人男性の72%強は縄文時代にルーツを持つ人々となる。NHK番組で公言した篠田氏の説には、虚偽に近い致命的欠陥があったのである。

征服された民族のY染色体は入れ替わる

では、なぜ「中国人と韓国人のY染色体はある程度似ているが、日本人とはものすごく違う」のか。日本民族が経験したことのない、従ってピンとこない、異民族どうしの戦いの実態を『旧約聖書』民数記第31章が書き遺していた。

「さて主はモーセに言われた、ミデアン人(びと)にイスラエルの人々の仇を報いよ、と」

「そこでモーセはミデアン人に復讐するため、一万二千人のイスラエル軍を編成し、主がモーセに命じられたようにミデアン人と戦って、五人の王も含めその男をみな殺した」

「またイスラエルの人々はミデアンの女たちとその子供たちを捕虜にし、その家畜と、羊の群れと、貨財をことごとく奪い取り、その住まいのある町々と、その部落を、ことごとく火で焼いた。こうして捕虜と略奪物を持ってイスラエルの町に帰ってきた」

「ときにモーセ、祭司と会衆の司たちは、みな宿営の外に出かけて迎えたが、モーセは軍勢の将たちに対して怒った」

「あなた方は女たちをみな生かしておいたのか。この子供たちのうちの男の子をみな殺し、また男と寝て、男を知った女をみな殺しなさい。ただし、まだ男と寝ず、男を知らない娘はすべてあなた方のために生かしておきなさい」

イスラエルは、ミデアン人の男は子供に至るまで殺し、男と寝た、即ち、ミデアン人の男の子を宿している可能性のある女も皆殺しにした。これはミデアン人男性のY染色体を消滅させたことを意味する。そしてミデアン人の処女をイスラエル兵士の女として生かしておいたと云うことは、生まれた子供が男ならミデアン人のY染色体は入れ替り、女ならミデアン人のｍｔＤＮＡは次世代に伝えられることになる。

シナ人と中国人によるジェノサイドと韓民族

ミデアン人の悲劇は過去の話ではない。歴史に学べば、かつてはシナ人が、そして今は中国人がやっていることだ。

日本が敗戦を迎え、中国人が満洲を占領した後、彼らは満洲族の文化、言語を消し去り、満洲国皇帝の血筋を断ち切り、満洲族を地球上から消し去った。

その後、毛沢東は「チベットを解放する」と称して武力制圧し、抵抗する男は容赦なく殺害、捕らえた男は奴隷として死ぬまで酷使した。

こうしてチベット男性の抵抗を排除した上で、占領地の妊婦を集め強制堕胎させ、幼児の拉致も実行に移した。その後、中共は、結婚にあぶれた漢族男性を入植させ、残った女性を奪い、犯し、言語、習慣、チベット仏教を破壊し尽くした。中共はチベット族の絶滅を計ったが、彼らは満洲族のように亡びなかった。中共の魔手から逃れたチベット族は、ダライ・ラマと共にインドのダラムサラに亡命政府を打ち立て、その日を待っている。

次いで中共は、米国も認めている通り、ウイグル族の〝ジェノサイド〟を実行に移した。先ずウイグル人を弾圧し、抗議や抵抗する男性をテロリストとして無差別に殺害、或いは強制収容所へ収容し、男女を問わず強制労働に従事させた。ウイグル族も滅亡の危機に瀕しているが、彼らは海外に亡命政府を打ち立てている。

次に中共が狙っているのが沖縄。それは彼らが「沖縄は中共の核心的利益だ」と明言しているからかだ。米軍と自衛隊が去れば直ちに人民解放軍が進駐し、満洲、チベット、ウイグルの悲劇が起こることは論を待たない。沖縄県民が求める平和な島は、戦争のない地獄と化し、島民の阿鼻叫喚が聞こえるようだ。

古来より、シナ人はジェノサイドを行ってきた。崔基鎬氏は「中国の歴史は、同じ人間を食べ、周辺の国をほしいままに侵略して食いちらかした歴史である」(『韓国堕落の2000年史』

いた。

Ｐ97）と見ていた。篠田氏は、中国人と日本人のＹ染色体の違いから次のように読み取っていた。

「この分布は、元々北東アジアに広く分布していたこのハプログループ（Ｄ）が、その後中国を中心とした地域で勢力を伸ばしたハプログループＯの系統によって、周辺に押しやられてしまった結果を見ているように思えます」（『日本人になった祖先たち』ｐ195）

「日本人のＹ染色体ＤＮＡは、日本の歴史のなかで、その頻度を大きく変えるような激しい戦争や虐殺行為がなかったことを示しているようにも見えます」（201）

日本にはなかったが、シナ人は「激しい戦争や虐殺行為を行ってきた」と云うことだ。人類史で、民族の混血は珍しいことでも悪いことでもない。それが平和裏に行われたのならば否定するものではない。

日本民族は、各地からやって来た人々が何万年もかけて平和裏に行われた混血により形成された。その結果、縄文時代から統一言語が形成され、最高水準の文化が育まれ、民族としての一体感が醸成されるに至った。今も日本では異人種同士の結婚、混血は行われているが、大きな問題は起きていない。だが、韓民族の運命は過酷だった。加害者は北方シナ人だが、彼らはシナ人の悪しき影響を多分に受け継いでしまったのだ。

韓国人は「日本人と北方シナ人」の混血民族だった

縄文時代の日本から半島への移住は、その地が無人地帯であったため先住民との軋轢もなく、家族単位で移り住んで行ったと考えられる。だが時代が下り、長い平和ボケの彼らに国家崩壊の悲劇が訪れた。

『日本書紀』の欽明天皇の条によると、日本から遠征した日本軍が新羅の謀略により敗北した時、「新羅は日本から同行した婦女(たおやめ)を悉く(ことごと)生け捕りにし、奪った」とある。その後の倭人国家の崩壊により、この地域に住んでいた日本人女性も同様の運命に陥(おちい)ったことは容易に想像できる。

新羅は日本を半島から蹴落としたが、それに倍する不幸が待っていた。統一新羅はシナの属国となり、高麗、李朝も北方民族の侵略により国土は蹂躙され、生存が確保されるだけ、になったからだ。シナ人が韓民族を滅ぼさなかったのは、属国として様々なものを貢がせるためだったが、この間に何が起きたかは、現在の韓国人のY染色体と歴史を同時に見ることで理解できる。

元々は韓国人のY染色体も日本人に近いはずだったが、漢族に特異性のあるタイプO2が日本人の3倍近くに増えている、ということは、彼らとの置換が起きたと云うことだ。そして日本人に特異性のある〈D1b〉がほぼ消滅したのは、日本にルーツを持つ人々が歴史の流れの中で殺されたり、日本へ逃げ帰ったりしたからだ。(図4-1)

そして、韓国人と日本人のｍｔＤＮＡが似ているのは、征服者が男性の抵抗を排除した後、半島から逃れられなかった日本人女性や拉致した日本人女性と交わり子孫を残したからだ、となる。

溝口優司氏のいう「置換に等しい混血をさせられた」のは日本人ではなく韓国人であり、それ故、彼らのＹ染色体は日本人とは別物になってしまった。

韓民族の成り立ちについて、Ｇｍ遺伝子（人種の違いを識別できる血液型）の研究者・松本秀雄氏は『日本人は何処から来たか』（ＮＨＫブックス）で次のように記していた。

「朝鮮民族が日本民族と中国北部の漢民族との中間的Ｇｍ遺伝子パターンを示すことは、現在の朝鮮民族の形成の過程を考える上で興味深い」(120)

氏は〝興味深い〟としたが、これは「両民族の混血民族」と云う意味である。即ち、韓国人とは、日本人と同じ縄文人を共通祖先に持ちながら、北方シナ人との混血の末に誕生した混血民族だったのである。

第5章　核ゲノムが明かす韓国人のルーツ

韓国人の核ゲノム解析結果

近年、核ＤＮＡまで解析できるようになった。この手法は〝系統解析〟ではなく、主に民族間の違いを明らかにする手段として用いられ、多くの成果が公表されてきた。

代表的なものを〈図５‐１〉に示す。出典は２０１６年に出版された『ＤＮＡでわかった日本人のルーツ』（別冊宝島２４０３）の中で、国立科学博物館の神澤秀明氏が他論文から引用したものだ。

この図の中の韓国人に注目すると、韓国人は日本人と北京の中国人の間にある。ということは両者の混血により現在の位置に至ったと解釈でき、前章での推論と一致する。

本土日本人と沖縄は隣接しているが、本土日本人は韓国や北京の漢族の方に寄っている。これは貧しかった沖縄に外から移住する人は殆どおらず、住みよくて豊かな本土には沖縄、シナ大陸、半島から人々がやって来て住みつき、同化していったことを示す。

だがこの位置は、縄文時代以前のヒトの流れが影響した可能性もあり、主成分分析では時間軸の特定は困難である。

更に、本土日本人は韓国人や中国人とは別の集団であり、互いに祖先を同じくしていないことが分かる。

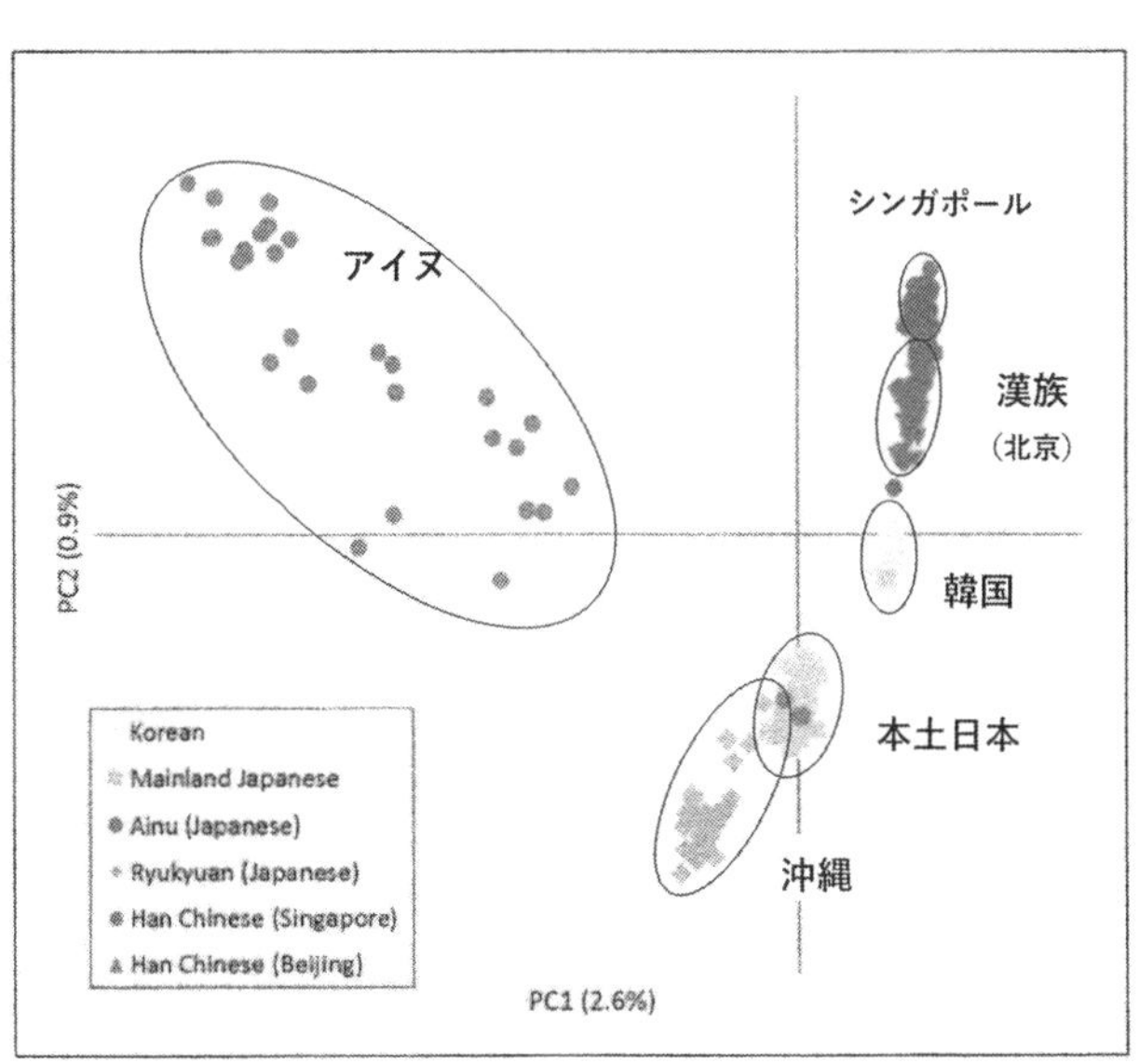

図 5-1　日本人及び韓国・漢族の SNP 分析結果
（『DNA でわかった日本人のルーツ』P11 に加筆）

即ち、「大昔に今の韓国人や中国人の祖先が日本にやって来て、その彼らが今の日本人の祖先であった」は退けられることになった。また、シナ大陸に近い沖縄は中国人と大きく離れており、両者は完全な別民族であることも明らかになった。

神澤秀明氏・ユーチューブ講演の問題点

２０２０年12月31日、神澤秀明氏はユーチューブ上で【ＤＮＡから見た縄文人―最近のゲノム研究を中心に―】を流していた。

氏は、「日本人の祖先は旧石器時代人であれ、縄文人であれ、弥生人であれ、全て大陸からやって来た」と信じているようであり、〈図1・1〉など全く知らぬ様子だった。

その為か、ルーツ研究に不可欠なY染色体データを欠落させたが、これを知られては、この講演で述べている氏の論が破綻するからではないか。

氏も篠田氏同様「縄文人＝狩猟採集民」と規定し、「今から3000年前に弥生時代という農耕社会が始まり日本中に広がる」としていた。お二人とも、埴原和郎が書いた次なる一文を知らないようなので、やや長いが引用しておく。

「一九八七年は、考古学者の手で、縄文稲作の実証への道が、大きく開かれた年でもあった。福岡市の板付遺跡の発掘調査で、取水口などを付随させた水田跡が発見されたのである。

この水田跡と同一層位からは、縄文晩期終末期に相当する夜臼（ゆうす）式土器のみが出土、これまで夜臼式土器と共伴すると考えられた弥生初頭期の板付I式土器と、明確に分離することができた。というのは、この上の層位は、まさしく夜臼式、板付I式土器の共伴する層であったからである。土器形式による緻密な編年のおかげで、このようなことが分かるのである。

この調査で、水田稲作は、ぎりぎり縄文晩期終末期にまでさかのぼりうることが示されたわけだが、なお決定的な決め手が待たれていた。

菜畑遺跡の成果は、夜臼式土器より一型式古い山ノ寺式期に、完全な水田稲作が行われていたことを、だれの目にもはっきりと示したのである。しかも、菜畑遺跡の山ノ寺式期の上からは、晩期終末に相当する夜臼式土器だけを包含する水田まで検出された。つけ加えておけば、ここからは、弥生前期初頭、同前期後半、同中期の水田跡も検出されている。

この新しい事実は、縄文晩期後半という、考古学者には、それまで考えられもしなかった古い時期に、かなり整備された水田があったことを実証した。

したがって、これによって、同時に新しい問題が提起されてしまったといえる。つまりこれほど整備された水田が当時営まれていたのなら、もっと古い段階の稲作・陸稲・水稲未分化の、あるいは陸稲栽培の－が、北九州で行われていたのではなかったのか、という問題である」（『日本人の起源』朝日選書ｐ168）

少し勉強すれば「縄文人＝狩猟採集民」は誤りであることが誰でも分かるのだ。

〝渡来系弥生人〟は渡来していなかった！

２０２１年5月4日、神澤氏は再び【ゲノムから見た弥生時代人】をユーチューブ上で流した。突っ込みどころ満載だったが、それでも新たな知見を得たので紹介したい。

氏は、先ず埴原和郎の〝二重構造説〟を紹介し、「旧石器時代以来、日本列島に住むようになった東南アジア系集団と、主として弥生時代以降に渡来した北アジア系集団との混血によって日本人集団が形成された」と説明した。

　更に、北部九州の安徳台遺跡から出土した人骨について次のように語った。

「統計解析前の予想としては、安徳台5号は典型的な渡来系弥生人なので渡来人の源郷である朝鮮半島や中国の人々のクラスターの近くにプロットされる、と予想されていました。しかし予想は見事に裏切られ、安徳台5号は現代の本土日本人のクラスターの中に入ってしまいました」

　氏の予想、「渡来系弥生人は朝鮮半島やシナ大陸からやって来た」は誤りであることが明らかになった。その理由を次なる一文で「渡来後、縄文人との混血」に求めたが、これも誤りであることを自ら証明することになる。

「冒頭で本土日本人は縄文人の遺伝要素を10％程度受け継いでいると説明しましたが、今回の結果は安徳台5号も同様に既に縄文系の要素を持っていることを示しています。単純に解釈すると、渡来系弥生人も在地の縄文人との混血が進んでいたことになります」

　この一文にも問題がある。篠田氏は「日本人のY染色体では縄文人の遺伝子頻度が高い」（P

55）と断言していた。また〈図４-１〉から、〈Ｄ１ｂ〉、〈Ｃ１〉、〈Ｏ１ｂ〉を加えただけで、日本人男性の72％強は縄文由来とされるのに、「本土日本人は縄文人の遺伝要素を10％程度受け継いでいる」とは理解不能。説明が欲しいところだ。

半島出土の〝縄文人骨ゲノム〟は日本人に近かった

次いで神澤氏は、「２０１８年、韓国南部の小島（獐項遺跡）から出土した約６３００年前の人骨２体からゲノム検出に成功した」と述べた。この人骨は縄文人の特徴を備えており、次のように推論した氏には、考古学や韓国史の常識がないことが良く分かる。

「分析前の予想は、日本との間は対馬海峡で切り離され、互いに遺伝的影響・交流はなく、またこの地は渡来系弥生人の源郷であるため、その遺伝的特徴を持った結果が得られるのではないかと考えました」

氏は、半島出土の縄文人骨なのだから、今度こそ韓国人クラスターの近くにプロットされると確信した。だが、再び予想は裏切られることになる。

「驚いたことに現在の韓国ではなく、本土日本人に近いところにプロットされました！」

ユーチューブ上で神澤氏が提示した図は、青谷上寺地遺跡に関するシンポジウムの史料と殆ど同じなので、それを引用しておく。（図5－2）

この図を見て氏が驚いたのは、獐項遺跡の縄文人は韓国人や中国人から遠く離れており、現代日本人や渡来系弥生人（安徳台5号）に近い位置にあったからだ。同時にこの図から、篠田謙一氏がＮＨＫ番組で述べた「青谷上寺地遺跡の人々はほぼ全員、シナ大陸からやって来た」も偽りであることが明らかになった。

更に神澤氏の言う、「縄文人との混血が進み、安徳台5号は日本人クラスターの位置に移動した」も誤りとなった。だが氏は新たな弥縫（びほう）策を考え付く。

「これは現代の韓国人よりも縄文人との親和性があることを意味しますから、つまり東アジアの基層集団の遺伝要素が韓国南部の新石器時代まで残存していた、と想定すると理解しやすいでしょう。東ユーラシアの基層集団のうち、日本列島に渡った系統が縄文時代人につながり、渡らなかった系統のなごりが今回検出された、という考え方です」

その直後、埴原和郎や溝口優司氏の論、「縄文人は東南アジア方面からやってきた」を思い出したのか逃げを打った。

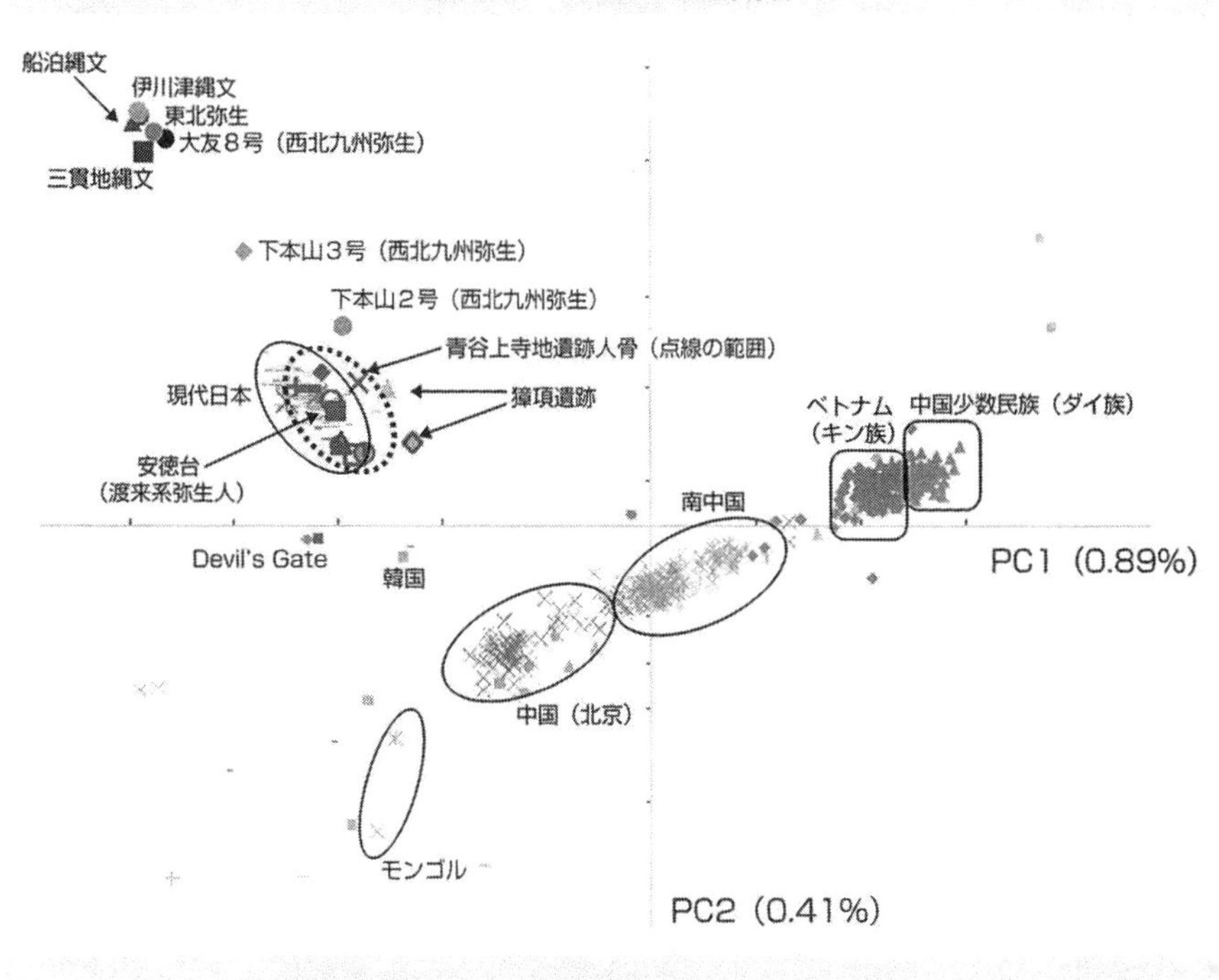

図 5-2 『続・倭人の真実』―青谷上寺地遺跡に暮らした人々―
（2021 年 10 月 30 日　とっとり弥生の王国
プレミアムシンポジウム資料 P19 より）

「そう考えなくとも、縄文時代前期かそれ以前に朝鮮半島に縄文人が流入したとしても、今回の結果を説明することができます。現時点ではどちらが正しいか分かりません」

これが分子人類学者の限界だった。氏が、韓国考古学、韓国史、シナの古文献、日本史について多少の常識があれば、韓半島の獐項遺跡から出土した約6300年前の人骨は、日本から渡って行った縄文人骨だったことが直ちに理解できたはずだ。

この講演により、渡来系弥生人・安徳台5号や半島出土の縄文人は、形質は異なるものの、半島やシナではなく、日本にルーツを持つことが明らかになった。

序に、韓国人と沖縄とアイヌとの関係についても触れておきたい。

ゲノム解析が明かす沖縄のルーツ

平成26年9月1日、英国に拠点のある分子人類学の国際専門誌「モレキュラーバイオロジーアンドエボリューション」の電子版に、琉球大学大学院医学研究科の佐藤丈寛博士と木村亮介准教授を中心に、北里大学などとの共同研究チームが行った「沖縄の人々のルーツ」に関する以下のような研究結果が載った。

「同月16日にプレスリリースされた概要によると、沖縄本島、八重山、宮古から350人の核ＤＮＡを採取し、１人当たり60万個の一塩基多型（ＳＮＰ）を分析した、とあった。
その結果、沖縄の人々は、台湾や大陸の集団とは直接の遺伝的繋がりはなく、日本本土に由来することが明らかにされた。また沖縄・宮古・八重山諸島の人々は互いに祖先を共有する近縁なグループであることが分かった。加えて、宮古・八重山諸島の人々は、数千年前から沖縄本島から移住したとの結果が出た」

沖縄の人々は、東南アジア、台湾、シナ南部などに由来するなる説もあったが、八重山・宮古を含め、台湾先住民や南方中国人とも遺伝的な繋がりがなく、日本本土に由来することが明らかになった。

この研究結果は、考古学、言語学、Ｙ染色体の分析結果なども齟齬がなく、沖縄のルーツは日本にあることが確定した。無論、韓国人は何の関係もない赤の他人であった。

アイヌは日本の先住民ではない

処で「アイヌは縄文人の子孫、日本の先住民」なる説がある。だが、言語学者・崎山理氏によると、日本語とアイヌ語は系統が全く異なる言語とのこと。これは、「言語的系統関係のないシナ人が日本人の祖先」なる理解が失当であることと同じであり、アイヌは日本の先住民ではない。

では、なぜアイヌは日本にいるのか。アイヌの多くはアムール川河口や樺太に住んでいたが、13世紀に元(げん)に服属した諸民族を攻撃・略奪したという。その民族が、宗主国の元に訴えたため、元はアイヌと戦ったことが元史に書いてある。

その結果、1284年に元はアイヌを樺太に追い詰め、追い払い、樺太南端に築城してアイヌの反攻に備えた。樺太から追われたアイヌの逃亡先は主に北海道であり、これが13世紀に忽然とアイヌが北海道史に登場する主因である。（表5-1）

かつて筆者が見、且つ聴いた話では、アイヌの既婚女性は上唇に入れ墨を入れていた。またトリカブトの根の毒を鏃(やじり)に塗る〝毒矢〟を使ったため、北海道に侵入したアイヌは、先住民の縄文人の子孫や擦文文化、オホーツク文化人と衝突し、一部の民族を滅ぼしたと思われる。何故ならアイヌのｍｔＤＮＡには彼らのＤＮＡが混入していたからだ。

「縄文時代にはなかったハプログループYがオホーツク文化人によってもたらされ、両者の混合によってアイヌが誕生した様子が見てとれると思います」（篠田謙一『新版　日本人になった祖先たち』ｐ208）

アイヌが北海道に流入することでオホーツク文化人は忽然と姿を消し、オホーツク文化人女性の持っていたｍｔＤＮＡの〈Y〉が近世アイヌに大きく流れ込んだ。また縄文から続縄

北海道史年表

本州の時代区分	年代（西暦）	北海道の時代区分	北海道に関する主なできごと
旧石器時代	BC20,000	旧石器時代	・北海道に人が住みはじめる ・細石刃が使われる
縄文時代	BC10,000 BC6,000	旧石器時代	・有舌尖頭器が作られる ・弓矢が使われはじめる
縄文時代		縄文時代　早期	・竪穴住居が作られる ・貝殻文土器が使われる ・石刃鏃が作られる
縄文時代	BC4,000	縄文時代　前期	・気候が温暖化、縄文海進はじまる ・各地に貝塚が残される ・東北・道南に円筒土器文化発達
縄文時代	BC3,000	縄文時代　中期	・漆の利用がはじまる ・大きなヒスイが装飾に使われる
縄文時代	BC2,000	縄文時代　後期	・環壕集落が現れる ・ストーンサークルが作られる ・周堤墓が作られる
縄文時代	BC1,000	縄文時代　晩期	・東日本に亀ヶ岡文化が栄える
弥生時代	BC 300 0	続縄文時代	・コハクのネックレスが流行する ・金属器が伝えられる ・南海産の貝輪がもたらされる
古墳時代	400	続縄文時代	・北海道の文化が本州へ南下する ・洞窟に岩壁画が彫られる
古墳時代		続縄文時代／オホーツク文化期	・オホーツク文化が樺太から南下する
飛鳥時代 奈良時代	600	擦文時代／オホーツク文化期	・阿倍比羅夫が北征する ・カマド付の竪穴住居に住む
平安時代	800	擦文時代	・北海道式古墳が作られる ・蕨手刀や帯金具が伝えられる
鎌倉時代	1,200 1,300	中世／アイヌ文化期	・道南で平地住居が作られる ・土器のかわりに鉄鍋が使われる ・蝦夷から津軽へ往来、交易する ・『諏訪大明神絵詞』成る
室町時代		中世／アイヌ文化期	・道南に館が作られる ・道南でアイヌと和人が争う
江戸時代	1,600	近世／アイヌ文化期	・チャシ(砦)が作られる ・松前氏が蝦夷地の交易権を確立 ・日高地方でアイヌと和人が争う ・国後・根室でアイヌと和人が争う ・伊能忠敬が蝦夷地を測量する
明治時代 大正時代 昭和時代 平成時代	1,900	近代 現代	

表 5-1　北海道教育委員会ホームページより（加筆）

文人女性が持っていた〈Ｎ９ｂ〉も近世アイヌに大きく流入している。
対するアイヌのＹ染色体ハプロタイプは〈Ｄ〉が約85%程度を占めていることから、他民族の男性のＹ染色体は殆ど流れ込んでいない、と思われる。
また〈図５‐１〉は、アイヌのＳＮＰは大きく分散していることから、オホーツク文化人や続縄文人などはアイヌに襲われ、男は殺されるか追いやられ、女性は奪われ、混血させられたからこそ、様々な民族のゲノムが女性を通してアイヌに混入し、ｍｔＤＮＡが近世アイヌに流れ込んだと考える他ない。

アイヌには文字がなかった。鉄や陶磁器は作れず、漆とも無縁だった。従って、これらの文化を伴う遺跡に暮らしていた人々はアイヌではない。古くから日本に住み続けた縄文人やその子孫なのだ。ロシア領にもアイヌは住んでいたが、彼らはアイヌを追い詰め、迫害し、文化もろとも滅ぼした。対する日本は、明治以降、ロシア人の迫害から逃れ来たアイヌを受け入れ、電気も、ガスも、水道もないアイヌの文明開化に勤め、彼らも進んで同化し、正真正銘の日本人となった。

だが２０１９年に〝アイヌ新法〟が出来て以来、金を目当てに上唇に入れ墨をしていない似非アイヌ、アイヌ語を話せない似非アイヌ、更に、韓国人に似た目の細い似非アイヌもいると聞く。似非アイヌの〝ごっこ遊び〟も良いが、本物のアイヌは何処に行ったのだろう。

第二部　韓国人は如何にして今日に至ったか

第6章　韓民族は「庶子とクマ女の雑種」から始まった

「韓国五〇〇〇年の歴史」というウソ

日本から人々が渡って3000年が過ぎた頃、半島は神話の時代へと移行する。

「やがて時代は部族国家の成立へと向かう。その時代を古朝鮮と総称する。それは檀君朝鮮・箕子朝鮮・衛満朝鮮などが含まれるが、箕子朝鮮を省く見解もある。

天孫の檀君が阿斯達に樹立した国家を檀君朝鮮または古朝鮮と呼ぶ。『三国遺事』によれば、時は紀元前二三三三年であったという。無論それは神話のことではあるが、韓国（朝鮮）の歴史と文化を語る慣用句の〈五〇〇〇年の輝ける歴史と文化〉の五〇〇〇年とは、檀君朝鮮の建国日を起点としたものである」（『韓国の歴史』河出書房新社p12）

しかし金両基氏は建国神話と年代の双方に異を唱えた。

「檀君の古朝鮮が実在したかどうかを巡って論争が続いてきたが、紀元前八〇〇年ごろに実在したという説が強くなっている。つまり青銅器時代に部族国家である古朝鮮が成立したというのである。檀君神話は古朝鮮の実在の神話的表現だとみなし、古朝鮮を歴史的事実だと説く。（中略）わたしは歴史的事実とするにはいま一つ考古学的裏付けが欲しいと思うが、信仰的事実として捉えている」（12）

紀元前800年頃に檀君朝鮮が実在した根拠すらないのなら、「韓国五〇〇〇年の歴史」は真赤なウソとなる。

「さて阿斯達はどこか。その位置を巡る見解は多様である。かつての平壌界隈（かいわい）説は否定され、現在の中国の遼東半島や山東半島付近に求める説が強い。古朝鮮の存在を早くから主張していた北朝鮮では、古朝鮮は青銅器文化が高い水準に到達した段階に形成されたと解釈している。遼東半島の南端で発掘された崗上墓（おかかみぼ）や楼上墓の青銅器遺物をその論拠とする。

その遺跡は紀元前七〇〇年から同五〇〇年の墓と推定されているが、その界隈つまり遼河の河口近くに王倹城があったと推定している。王倹城とは、古朝鮮の王宮のことである。檀君は阿斯達を王都に定め、王倹城を築いたという」（12）

韓半島以外の地を建国の地としたようだが、理解しがたい話だった。では檀君朝鮮や箕子朝鮮は如何にして開かれたのか。

韓民族の祖は「庶子とクマ女の雑種」だった！

『三国遺事（いじ）』は高麗の高僧、一然（1206〜1289）の手になる私撰の史書である。成立年代は1280年頃、韓民族の正史『三国史記』の約130年後に、正史の編著者が採録しなかった話などを書き加えたものだ。そこにある檀君神話を読むと、韓民族の祖先は混血というより仰天すべき〝雑種〟だった。以下は『三国遺事』（朝日新聞社p54）の要訳である。

「魏書にいう。今から二千年前に檀君王倹（だんくんおうけん）という者がいた。阿斯達（あさだる）を都とした（経なる書によると都は無葉山にある。別名白岳といい白州にある。或いは開城の東、今の白岳宮がそれだ）。国を開いて朝鮮と呼んだ。高（シナの古代伝説に出てくる尭（ぎょう））と同じ時代だ。

古記にいう。むかし桓因（帝釈・天帝ともいう）の庶子である桓雄は地上世界に思いをめぐらし、人間社会に行くことを欲していた。父、桓因は子の心を知り、天から三つの高い山の一つである太伯山を見、人間の為になるべしと結論した。

そこで桓雄（かんゆう）に天符印三個を授け人間社会に行かせた。桓雄は従者三千を率いて、太伯山頂（今の妙香山）の神檀樹の下に天下った。ここを神市と言う。これがいわゆる桓雄天王だ。風の神、雨の神、雲の神らをしたがえて、穀・命・病・刑・善・悪をつかさどり、あらゆる人間の三六〇余のことがらを治め、人間を導いた。

時に、一頭のクマと一頭のトラが同じ穴に住んでいて、人になることを願い、常に桓雄に祈った。ある時、桓雄は霊力のあるヨモギひとにぎりと、ニンニク二十個を与え、〈お前たちがこれを食べ、日光を百日見なければ、すぐに人間の姿になるだろう〉と言った。

クマとトラはこれを食べ、こもること二十一日でクマは女の姿になった。トラはそれが出来ず人になれなかった。しかしクマ女と結婚するものはなく、故にクマ女は檀樹の下に来る度に子を授かることを願った。そこで桓雄がヒトに化けてクマ女と結婚し、クマ女は孕み男の子を産んだ。それが檀君王倹である。

檀君は唐高の即位から五十年の庚寅の年、平壌城（今の西京）を都とし、朝鮮なる国を開いた。やがて白岳山の阿斯達に都を遷した。そこを弓忽山、または今彌達ともいう。その国を治めること一千五百年間であった。

周の虎王（周の武王）が即位した己卯の年（BC八一二年）に、箕子（シナ人）に朝鮮を与えて支配をゆだねた。檀君は蔵唐京に移り、後には阿斯達にもどってきて隠れて山の神になった。没した時は千九百八歳だった」

要点をまとめると、先ず桓雄は桓因の庶子だった。庶子とは正妻以外の女性が産んだ子であり、儒教社会では恥ずべき出自だった。次に、「人間社会に行かせた」とあるから、彼らがやって来る前に半島には人が住んでいたことを暗示している。例えば、縄文人の子孫が住んでいたと考えることができる。

更に、人と人との混血ならまだしも、韓民族の祖先は〝クマ女〟と〝庶子〟が交わり、生まれた檀君を建国の祖としていることだ。また、箕子とは檀君の子ではなく、殷の血筋を引くシナ人だった。檀君と箕子は無関係だから韓民族の血筋は途絶え、神話世界から朝鮮はシナ人の支配を受けていたことになる。

処で、なぜ韓国人はこのような不名誉で汚らわしい話を建国神話としているのか、理解不能である。理解不能と云えば、かつて携帯大手の某社は、オス犬とメス人（?）との間に2人（匹?）の子供（ケダモノ?）が生まれたとする〝獣婚家族〟を自社宣伝に使っていたが、汚らわしさに〝引いてしまった〟日本人も多かったのではないだろうか。

檀君・箕子神話は一片の史実も含まない！

井上秀雄氏は、韓国の建国神話を次のように評した。

「箕子朝鮮伝承は中国の儒学者の一学説からおこり、この説を受け容れた楽浪郡の役人たちが本国にたいし、朝鮮を東夷の中でもっとも開けた地域であることの理由づけに、この説を強調したことから、中国人のなかに定着した。
さらに中国の朝鮮支配を推進した次の魏の時代に、箕子朝鮮伝説はいっそう拡大し、箕子朝鮮の王統や中国との関係史まで作為された。（中略）
このように中国人による箕子朝鮮伝説は、それを朝鮮支配の大義名分としたもので、史実とはかかわりのないものである」（『古代朝鮮』講談社学術文庫p28）

だが、この話は永らく命脈を保つことになる。


「高麗王朝では、儒教の流布と尚古思想の発展によって、箕子朝鮮伝説が広くゆきわたり、平壌に箕子を祀る堂が建てられ、箕子の墓も造られた。

十四世紀末に朝鮮王朝が高麗王朝のあとをうけて建国したときには、中国の明にたいし冊封を受けるとともに箕子朝鮮の例を引いて自治を主張した。その後、朱子学の発展とあいまって朝鮮王朝時代に箕子朝鮮伝説が史実として政策的に取り上げられ、箕子の井田址を始め、種々の遺跡やこれに関する著作の刊行まで行われたのであった。

近代に入り、ヨーロッパ史学の発展と、中国文化一辺倒であった朝鮮知識人の自国文化再発見に伴い、箕子朝鮮の存在は否定されることになった。このように檀君朝鮮も箕子朝鮮も朝鮮文化を考えるには貴重な資料であるが、史実を示す史料ではない」（28）

檀君朝鮮は史実ではなく、箕子朝鮮はシナ人が「韓民族を支配する口実」に使われた話なら、韓国人にとって、これらは否定すべき話ではないのか。

「檀君神話」は「記紀神話」の原型か？

２０１７年、ソウルの韓国国立中央博物館で檀君神話と日本の建国神話を比較・考察する学術会議が開かれた。この場に上田正昭氏（アジア史学会会長・出雲歴史博物館名誉館長）は次なる論文を寄稿したという。

「日韓の天孫は山頂に降臨しており、共通点が多い。百済の神の存在が、日本で命脈を受け継いできた。日本の建国神話は、韓国の檀君神話の影響を大きく受けており、この事実は韓国だけではなく日本史学会でも認められている」

また同会議に出席した京都産業大学の井上満郎教授は次のように述べたという。

「韓国の檀君神話と伽耶の首露王は、日本神話に登場する天孫ニニギと同じような要素を持っている。日本の天孫降臨神話が朝鮮半島系ということは疑う余地がない」

更に韓日天孫文化研究所所長のホン・ユンギ氏は次のようにのべたという。

「日本の建国神話は、天孫が降臨する檀君神話などを始めとする話を織り交ぜて作られたものであり、三種の神器も三種の宝器として檀君神話に登場する。日本の代表的な民俗学者、都立大の岡正雄教授も、既に一九四九年にこれを認める発表をしている」

韓半島に最初の文明をもたらしたのは日本なのだから、彼らにとっての天上界は日本であろうに、おかしなことを仰る方々がいるものだ。

似ているなら「檀君神話」が模倣！

檀君神話では、韓民族の祖・桓雄は庶子だった。桓雄が天下った時、持って来たのが天符印、天という字を符した印三個だった。その桓雄が地上に降りて交わったのがクマ女で、生まれた雑種が檀君だった。

これに対し『古事記』では、日本人の祖先は天上界から地上に天下った天照大御神の孫、ニニギノ命だった。彼の両親は庶子やクマ女ではなく、由緒正しい神の皇子だった。

そしてニニギノ命は天照大御神より賜った八尺の勾玉、鏡、草なぎの剣を携え、供を従えて日向の高千穂の峰に天下り、笠沙の碕でコノハナノサクヤ姫に出合い、見初め、父親の許しを得て結婚し、その子、火遠理命（ほおりのみこと）からウカヤフキアヘズ命へと血統は繋がっている。

ここから歴史時代に入り、ウカヤフキアヘズ命の皇子（みこ）、神武天皇が初代天皇として即位され、その血統は連綿と引き継がれ、今上陛下で126代を数える。そして皇室の子孫は日本各地に移り住み、一部であってもそのDNAは確実に日本人全員に受継がれている。

このように「檀君神話」と「記紀神話」は異質なものであり、その違いは大きく四つ挙げられる。

① 半島人の始祖は庶子とクマ女の雑種。日本人の祖先は神の皇子。
② 桓雄が持って来たのは印三個。ニニギノ命は天照大御神より賜った三種の神器。
③ 檀君が子孫を残したか不明。ニニギノ命の子孫は今日まで続いている。
④ 韓民族は神話の時代からシナ人に支配されていた。日本民族は神話の時代から日本人が造り上げた国だった。

ご覧の通り、二つの神話は似て非なるものであり、それでも似ているというなら一然が『記紀』を真似たことになる。

何故なら、『古事記』は712年、『日本書紀』は720年に完成した。対する『三国遺事』は1280年頃に完成したから、『記紀』の編著者は檀君神話を知るすべはない。だが一然には『記紀』を知る機会はいくらでもあった。上田正昭氏や日韓の歴史学者は歴史のイロハを知らないのだろうか。

檀君神話とは、『記紀』とは比べものにならない貧弱なものであり、そもそも韓民族を侮辱した話だ。これは私見というより『三国史記』を編纂した金富軾の見解でもあった。儒者である彼にとって、庶子がクマ女を孕ませ、産まれた檀君を自分たちの始祖とすることなど受け入れられなかったに違いない。

だからこそこの話を正史に採録しなかったのだが、一然は価値観が異なり、金富軾の死後、彼が捨てた「檀君神話」を拾い上げ、或いは「記紀神話」を真似て作り上げた。こんな話を韓国人が信じていると知ったら、金富軾は草葉の陰で嘆いていることだろう。

半島南部で韓民族が誕生！

前２０００～前１５００年頃、北から異民族が半島へ侵入し始め、徐々に影響力を拡大していったと思われる。

後漢の王充の『論衡』に、「倭人が周に朝貢した」とあり、撰者不詳の『山海経』には「蓋国は鉅燕の南、倭の北にあり、倭は燕に属す」とあるから、半島は徐々に変質して行ったことが分かる。

前２００年頃になると歴史時代に移行し、『史記』には半島北部の平和が破られた事件が記載されていた。

前２２２年、秦は燕を滅ぼしたが、前２０２年に漢は秦を滅ぼしてシナを統一し、後に燕を再興して燕王を復活させた。処が、燕王は漢に背き、故に追われて匈奴に逃れたとき、燕の武将であった満は一千余人を率いて半島北部に亡命して箕準王の下に走り、臣下として仕えたとある。

満は箕準王の厚い信頼を得ていたが、やがて半島の異民族や燕や斉の亡民を糾合して勢力を拡大し、箕準王を追放して王位を簒奪した。その彼が衛氏朝鮮の始祖となった。彼らから見て「半島の異民族」が、遠い昔から住んでいた縄文人の子孫と考えられる。

歴史上、初めて登場する朝鮮王は燕からの亡命者・満であり漢の冊封を受けていたが、満の孫の時代になると朝貢しないだけでなく、周辺諸国が漢に朝貢するのを妨げるようになった。そこで前108年に漢の武帝との戦いとなり、翌年に衛氏朝鮮は滅ぶ。

その後、漢が設けたシナの植民地が、今の北朝鮮に位置する楽浪（らくろう）、臨屯（りんとん）、玄菟（げんう）、真番（しんばん）の四郡だった。こうして北部はシナの支配下に置かれたものの、その影響は南部にまでは及ばなかったと思われる。（図6-1）

半島南部は古くから日本人の子孫が住んでいた地域だったが、彼らは数千年に及ぶ時を経て倭人とは異なる民族性を獲得し、シナ人から見て「韓」と称される人々が住む地域へと変貌していった。韓民族の誕生である。

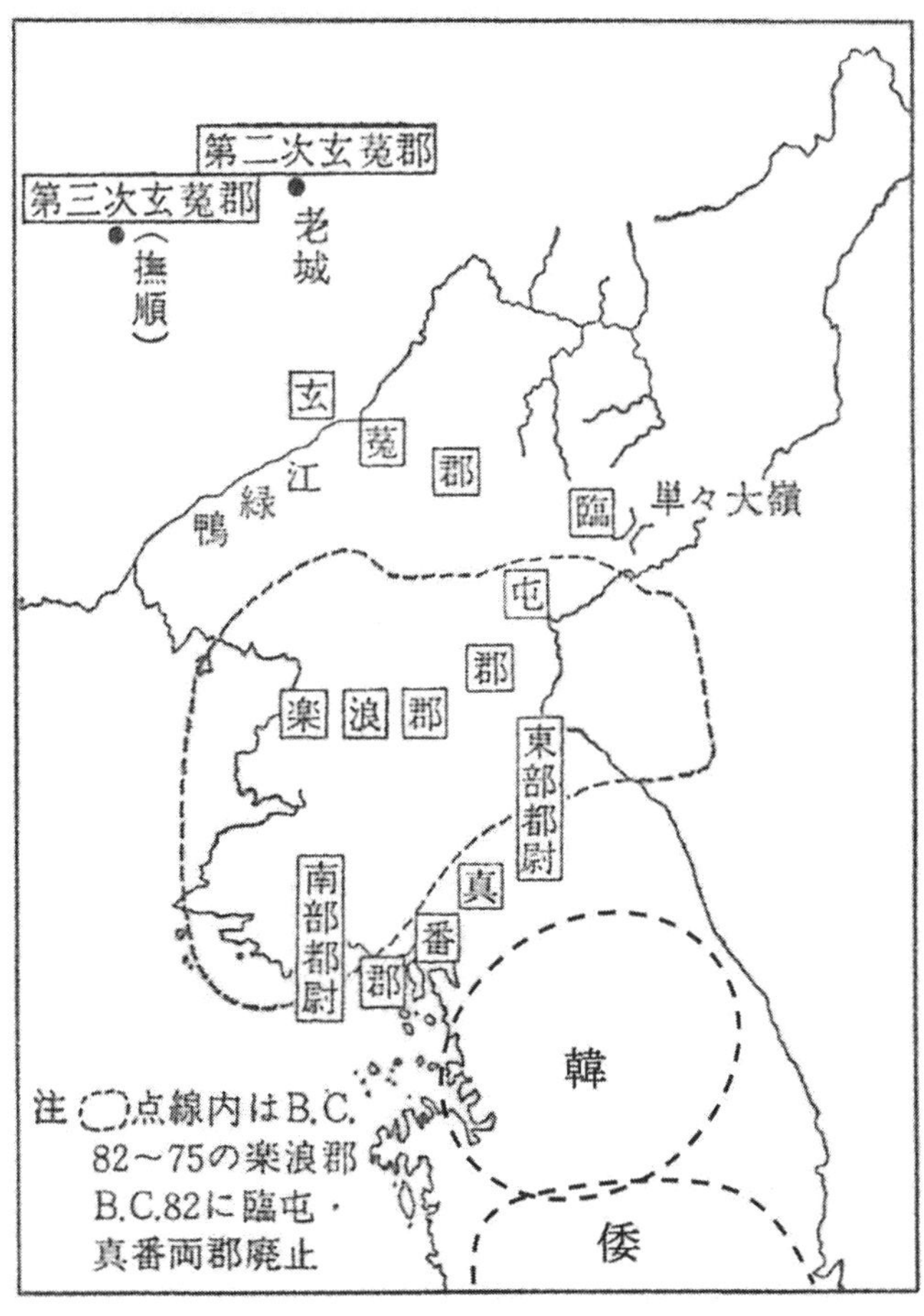

図 6-1　井上秀雄『古代朝鮮』講談社学術文庫 P35 に加筆

第7章　『三国志』の記す東アジア諸民族と日本

『三国志』・東夷伝の書き記す諸民族

シナの正史、『三国志』に諸民族の実態が書き遺されている。この史書は『魏書（魏志）』30巻、『蜀書』15巻、『呉書』20巻よりなる。これは晋の陳寿（233〜297）の撰によるが、後に南朝宋の裴松之（372〜451）が補注をつけた。

この中で『魏書』の「東夷伝」は3世紀の東アジアの国々を知る上で必要不可欠な史料であり、全文は他書に譲り、本書では要点のみ紹介したい。（図7−1）

「（扶余の）戸は八万、その民土着にして、宮室・倉庫・牢獄あり。土地は五穀に宜しけれど、五果は生ぜず。人々は体が大きく、性格は勇猛だが、温厚で略奪や強盗はしない」

〝土着〟とあるのは、シナ人が彼らを知る前からその地に住んでいたことを意味する。

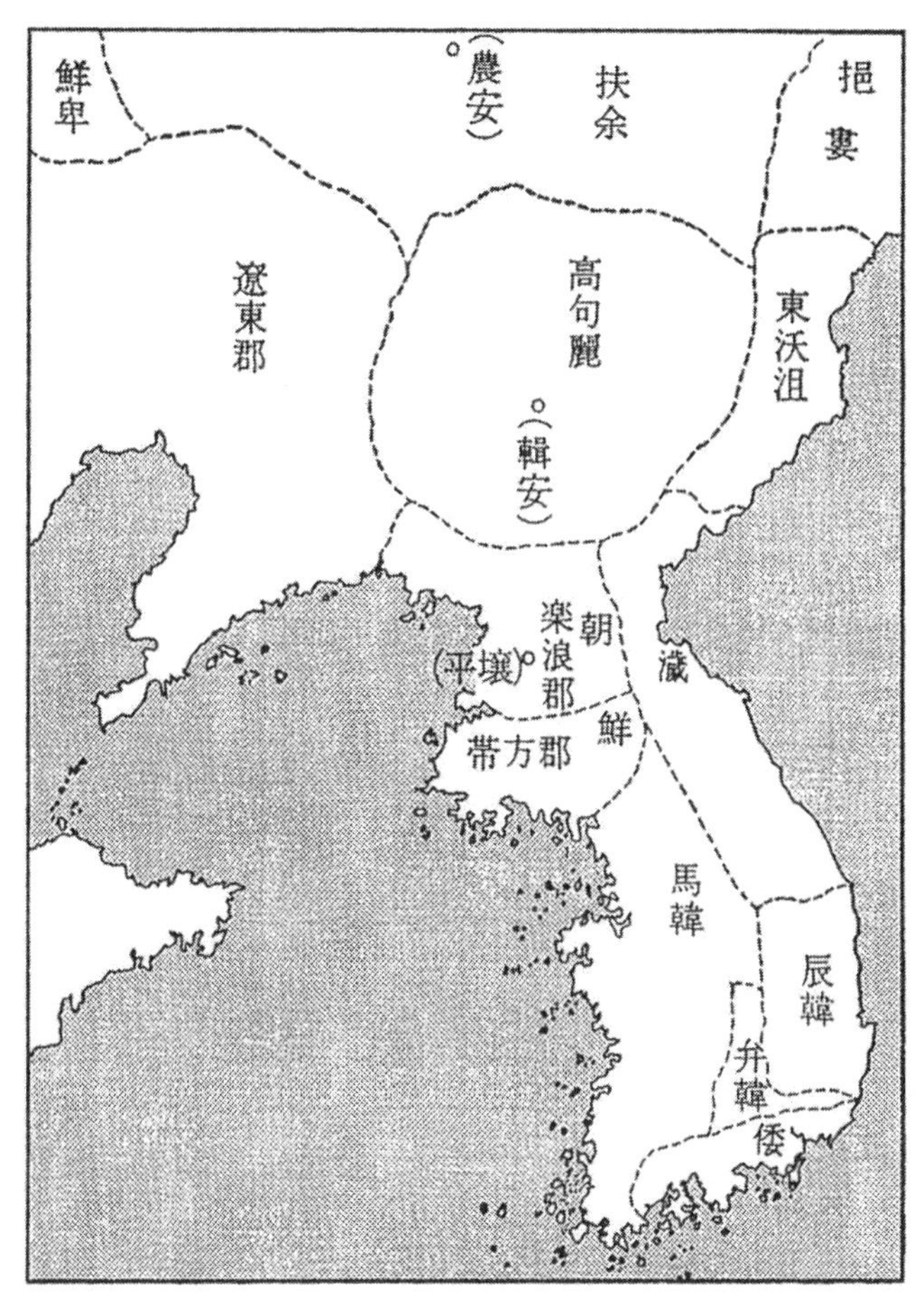

図 7-1 『三国志』の記す韓半島の諸民族
（井上秀雄著『古代朝鮮』講談社学術文庫 P64 より）

「高句麗は遼東の東、千里にあり。南は朝鮮・濊貊（わいばく）と東は沃沮（よくそ）と、北は夫余と接す」

「国は二千里四方、戸数は三万」

「良い畑が無く、作物を作ろうとしても、人々の空腹を満たすことは出来ない」

「その人、性は凶でせっかち、略奪を好む」

「言語及び諸（もろもろ）のことは、多く扶余と同じでも、気性・衣服は異なるところもある」

「人々の性質は綺麗好きで、穀物を容器に入れて酒を醸（かも）すのが上手である」

「牢獄なし。罪あれば貴族が評議し、有罪なら殺し、妻子を奴婢とする」

「その俗、淫（みだ）らである」

「人々は勇気があり、戦いに慣れていて、沃沮、東濊（わい）など付き従う」


高句麗王の祖は扶余から出ており、彼らは〝淫ら〟とあるので近親婚の風習があったと推測される。次に登場する東沃沮は小国であり、「高句麗に臣属す。その美女を婢（いや）しき妾（めかけ）としていた。高句麗、これを奴僕のごとく遇している」とある。

挹婁（ゆうろう）は「姿は扶余に似て、言語は扶余・高句麗と同じではない。人は少ないが強い弓を持っているので、どこも服属させることはできない。青石を鏃（やじり）となす。船に乗りて周辺国を略奪する」とある。次ぎに濊（わい）が登場する。

「濊は、南は辰韓、北は高句麗・沃沮と接し東は海である」

「楽浪郡・帯方郡の東がその地であり、戸数は二万。門戸を閉じることなく、民（たみ）、盗をせず」

「その人、性はまじめで、欲望少なく、恥を知り、物乞いせず」

「言語、法、俗、はだいたい高句麗と同じだが、衣服は違った処がある」

「山や川を大事にし、あちこちに聖域を設けている」

「姓が同じ男女は結婚しない」

「麻布があり、桑で蚕を飼って、絹や真綿をつくる。真珠や玉を宝物とは思わない」

「盗賊は少ない、陸戦が上手である」

「濊人は正始八年（247）、魏の都に朝貢した」

「楽浪郡・帯方郡の人民のように扱われている」


この民族は倭人の良き伝統を引き継いでいる部分も見えるが、馬韓同様、強き指導者がおらず、やがて歴史の波に飲み込まれ消えてゆく。

馬韓の文化人類学的記述

『三国志』東夷伝・韓は次なる一文から始まるが、この時代にあっても「南は倭と接す」とあるから、半島の南部は倭人の住む地域だったことが分かる。

「韓は帯方郡の南にあり。東西は海を以て限りとなし、南は倭と接す。方四千里ばかりなり」

「三種あり、一に馬韓と言い、二に辰韓と言い、三に弁韓という」


当時のシナ人は半島南部を「韓」と称し、独自の民族と認識していた。それは三韓の言語、習慣が似ていたからに違いない。「辰韓とは古(いにしえ)の辰国なり」とあるように、かつて辰韓は馬韓の一国・辰国と呼ばれていたが、その後に勢力を拡大し、辰韓と呼ばれるようになった。彼らは韓の代表格、馬韓を次のように記す。


「馬韓は韓の西に在り。その民土着にして農業を営み、桑で絹、綿布を織る」

「およそ五十余国、総戸数は十余万戸」

「人々の暮らしに細かな決まりはなく、都に首長がいるが国々はその統制下にない」

「住居は屋根を草で葺(ふ)いた土の家をつくるが、その形はシナの墓のようである。家の入口は上にあって家族は全部その中で暮らしている。年齢や男女による区別はない」

「牛馬に乗ることを知らない」

「人々は、勇敢で強い体を持っている」

「五月の農耕のはじまりと十月の終わりに祭りを行う。神を祀り、歌い、舞い、酒を飲む」

「楽浪・帯方郡に近い国々ではやや礼儀を弁えているが、両郡から遠い国々では、まさに囚人や奴婢が集まったに過ぎないような様子である」
「馬韓にはとりたてて珍しい宝はない。動物や植物はほぼシナと同じである」
「その男子、時々体に入れ墨する者がいる」

馬韓は「土着民の国」とあるのは、彼らは縄文以来、半島に住み続けてきた人々の子孫であると推察される。だが彼らは、長い間の平和ボケで、国王を中心とした中央集権体制がとれず、北から侵入してきた百済に乗っ取られてしまう。

済州島の記述は割愛し、話は辰韓へと移る。

辰韓・弁韓の文化人類学的記述

辰韓は馬韓に服属していたが、次第に勢力を拡大し、独立した一国となった。

「辰韓は馬韓の東にあり」
「辰韓の老人は代々言い伝えている。かつて秦の代に労役を逃れて馬韓へと逃れてきたものがいた。馬韓の王はその東の土地を割いて彼らに与えた」
「城柵がある。その言葉は馬韓と同じではない。始め六国あり。今、十二国からなる」

話は弁辰に移る。

「弁辰もまた十二国である」、「弁・辰韓合わせて二十四国、総じて四、五万戸」

「その十二国は辰王に属す。辰王、常に馬韓の人を用い、それは世襲である。辰王は辰韓の中から選ぶことが出来ない」

「弁辰の土地は肥沃で、五穀や稲を作るに適す。蚕を飼い、桑を植え、絹布をつくり、牛馬に乗り車を引かせる」

「弁辰の国々は鉄を産出し、韓、濊（わい）、倭の人々は皆この鉄をとる。色々な商取引には鉄を用いるのは、シナが銭を用いるかのようである。楽浪郡、帯方郡にも鉄を供給している」

「辰韓や弁辰の男女の風習は倭人に近く体に入れ墨をしている」

「弁辰は辰韓と雑居し、城郭もある。衣服や住居は辰韓と同じ」

「弁辰と辰韓の言葉や生活の規律は似ている」

「弁辰の瀆盧（とくろ）国は倭と境を接す。十二国にはそれぞれ王がいる」

「人々は背が高い。衣服は清潔で、髪は長く伸ばしている。規律は大変厳しい」

シナ人の見た大国・倭国

この時代、半島南部には馬韓、辰韓、弁辰が並立し、南部一帯には倭人が住んでいた。そして辰韓や弁辰の風習から、倭人が体に入れ墨をしていたことが分かる。

3世紀の日本を知る最重要史料、『魏志』倭人伝は、拙著『最終結論　邪馬台国はここにある』で詳述したので、ここでは概説に止める。先ず、シナ人は倭国の戸数に注目していた。


「南して海を渡る。千余里なり。対馬国に至る。千余戸あり」

「一大国に至る。三千ばかりの家あり」

「また海を渡る。末盧国に至る。四千余戸あり」

「東南に陸行すること五百里にして伊都国に至る。千余戸あり」

「南東して百里、奴国に至る。二万千余戸あり」

「東に百里いきて不弥国に至る。千余戸あり」

「南して投馬国に至る。水行二十日、陸行一月、五万余戸あり」

「南して邪馬壹国に至る。水行十日、陸行一月、七万余戸あり」

「その他の国々は遠く離れており、詳（つまび）らかにすることは出来ない」


この時代、馬韓の戸数が10余万戸、高句麗は3万戸に過ぎなかった。それに比べ倭国だけでも最低「15万1千余戸」と見ており、その東にも倭種の国があると記していた。

「女王国の東、海を渡りて千里、また国あり。皆、倭種なり」

女王国の東にある倭種の国とは大和朝廷の勢力エリアを指している。シナ人は、倭国と倭種を併せると、韓など比べ物にならない大国と認識していた。

「王仁が漢字を日本伝えた」は誤りだった！

では北部九州の倭国とはどの様な国だったのか。

「倭人は帯方郡の東南、大海の中にあり。山島によって国や集落をつくる。元々百余国在り。漢の時代（BC202～220）に朝見（漢の宮廷に出向き皇帝に拝謁）する者あり。今、通訳を付けて使者を送っている国が三十程ある」

「倭の王が使いを遣わして、魏（220～280）の都や帯方郡、また、各韓国に行かせるときや、また、帯方郡の使いが倭国に行くときは皆、港で荷物を改め、文書・賜（たまわ）りものなどに誤りがないか確かめて女王に差し出す。不足や食い違いは許されない」

何げない一文だが、この時代の倭国について様々なことが分かる。

魏の時代、馬韓は50国だったが、シナ人は「倭人の国は漢の時代から百ヵ国以上ある大国だった」ことを知っていた。

そして「漢の時代に朝見する者あり」とあるから、その頃から日本には漢字を理解し、読み、書き、話せた通訳がおり、魏の時代になると30もの国々に広まっていた。

「文書……に誤りがないか確かめて」なる一文がこの事実を強く示唆していた。

２０１９年、西日本新聞は「朝倉市の下原遺跡から弥生時代中期の硯（すずり）が発見されていた」ことを報じた。他に、西日本各地から１００以上の硯が発見されている。

『三国史記２』（平凡社）には次なる記述がある。

「百済は開国以来まだ文字を用いて事柄を記述することができなかった。この〔王代に〕なって、博士の高興を得て、はじめて〔文字を〕書き、〔事を〕記すようになった」（314）

この王代とは近肖古王（３４６～３７５）の時代である。すると日本は、百済より３００年以上前の弥生時代中期から文字（漢字）を使っていたことになる。従って、王仁が初めて日本に漢字を伝えた、は誤りとなる。

更に、『魏志』倭人伝には、倭の王が「各韓国に使いを使わせていた」とあるが、『三国史記１』新羅本記には「二十年（一七三）夏五月、倭の女王卑弥呼が使者を送って来訪させた」なる記録があり、『魏志』倭人伝との整合性を保っている。

シナ人の見た倭国の実態

シナ人が真っ先に挙げた倭人の特徴が「男子は大小となくみな黥面文身す」だった。それはこの風習が珍しかったからに違いない。では倭人は野蛮か？というと「倭人の風俗には節度がある」と評し、「まさに囚人や奴婢が集まったに過ぎないような様子」とした馬韓とは大違いだった。

更に、「稲・からむし（繊維をとる植物　引用者注）を植え、蚕を飼い、細い麻糸や絹織物・綿織物を作っている」とある。〝細い〟がその技術力の高さを示唆している。

昔から、シナと日本の絹織物には雲泥の差があった。吉野ケ里遺跡の「貝紫染め」のように、シナでは作れない高品質の絹織物を作っていた。

扶余や韓は〝五穀〟（粟、稗（ひえ）、キビ、豆、麦）だったが、日本では〝五穀〟と書かずに、〝イネ〟を植えとあり、コメ作りが盛んだったことが分かる。

住居については、「家屋には間仕切りがある。父母兄弟は、それぞれが寝たり休んだりを別々にしている」とあり、この時代から倭人は間仕切りのある家に住んでいた。

馬韓の人々は「家族は全部その中で暮らしている。年齢や男女による区別はない」。即ち竪穴式住居で雑魚寝だった。そして倭国の武器についても観察していた。

「武器には、矛（ほこ）、盾（たて）、木で出来た弓を用いている。その弓は下を短く上を長くして使う。竹の矢を用い鏃（やじり）は鉄、或いは骨を用いる」

この時代、消耗品である鏃が鉄ということは、倭国では鉄が豊富だったことを示している。当然、剣や矛は鉄製だった。しかもシナが鋳鉄だった時代、日本の鉄は鋳鉄と鋼（はがね）を持った鍛鉄を使い分けており、技術レベルが違っていた。シナ人は「倭国は手ごわい」と見ていたと思われる。また馬韓には「とりたてて珍しい宝はない」と見向きもしないが、次なる一文から倭国に対する羨望の気持ちが見て取れる。

「倭国からは真珠と青玉（ヒスイ）がとれる。山には、丹砂・朱砂があり、樹木にはクス・とち・樟（くすのき）・ボケ・クヌギ・杉・カシ・山ぐわ・楓（かえで）がある。竹では、篠（しの）竹、箭（や）竹、桃支竹がある。しょうが、橘（たちばな）、山椒（さんしょう）、ミョウガがあるが、それらの料理法は知らない」

これが『三国志』東夷伝の記す韓と倭の違いだった。彼らは、倭人は韓人よりもはるかに人口が多く、文化的で、技術水準も高く、鉄で武装した強国であり、彼らが羨（うらや）む多くの宝も産出すると認識していた。

ご覧の通り『魏志』倭人伝を含む『三国志』東夷伝は、韓民族や日本民族の古代史理解に不可欠な史料であることが良く分かる。

田中英道氏の批判に答える

令和2年6月29日、田中氏はユーチューブで【ポスト武漢ウイルスと長浜・邪馬台国批判】

を流していた。筆者の名があったので拝見すると、氏は次のような話をされた。（要約）

「私の邪馬台国はなかった、存在しなかったというそれまでの私の考えを徹底的に批判しようとして出てきたのが長浜さんの『日本の誕生』という本なんですね。かなり売れている様なんですが、渡部先生と私を非難されているわけですね。

これに対する批判をやって下さった方がなんと言っているか、言葉では長浜説が正しいかも知れないが遺跡がない、また『記紀』が全く触れていない、神社がない、この方は〈新説を装った素人の歴史本〉と云っており、来月号に載せるので読んでいただきたい」

他人の口を借りて筆者を批判していたが、筆者がこの本で指摘したのは、渡部昇一氏や田中英道氏は『魏志』倭人伝を否定しているが、この史書を否定しては古代史を解き明かすことはできない、ということだ。ここまで読み進められた方は理解いただけたと思う。

例えば、森浩一氏は「三世紀の倭人社会を知る上で最重要の史料である」（『倭人伝を読みなおす』ちくま新書ｐ14）と評価し、石原道博氏も次のように記していた。

「『魏志』『後漢書』『宋書』などについては、日本の古代史研究のうえにも、必要欠くべからざる重要な史料価値をもつ点に、その特異性が見られるのである」（『新訂　魏志倭人伝　他三篇』岩波文庫ｐ21）

然るに、故渡部昇一氏はさておき、田中氏は『日本の歴史　本当は何がすごいのか』（育鵬社）

で、シナ人を「未熟者の思想」「実際のことは何も知らず」と見下し、『魏志』倭人伝の信憑性を否定していた。また『高天原は関東にあった』（勉誠出版）に於いても、「男子は大小となく皆黥面文身す」を「その頃の畿内地方には入れ墨の習俗が存在せず……」（248）と理解した上で次のように断じた。

「このような記述によっても、〈邪馬台国〉は本来の日本と異なる地域のことを言っていると考えるべきであろう。要するに、この『三国志』の〈倭人伝〉は、陳寿のフィクションなのである」（248）

氏は〝倭人〟を〝畿内地方の人々〟と誤認していたようだが、少し考えれば分かることだが、この書にある〝倭人〟とは北部九州から半島南部の国や人々を指しているのだ（『古代日本「謎」の時代を解き明かす』p49）。

『三国志』東夷伝・韓には、「辰韓や弁辰の男女の風習は倭人に近く体に入れ墨をしている」と書いてあるが、氏は「韓の条」も読んでいないようだ。他にも様々な疑念があり、筆者の論を再検討する意図で、出版社を介して氏に質問し、氏が流したユーチューブのコメント欄を使って質問なども行ったが、今もって回答はない。

第8章　韓民族の歴史は『三国史記』に始まる

『三国史記』は如何にして成立したか

では韓民族は己の歴史をどのように書き記していたのか。『三国史記』は『日本書紀』に遅れること425年、1145年に高麗王に撰上された韓民族初の正史だった。では何故書かれたのか。それは国王が次のように語ったからだと云う。

「今の学士大夫は、五経や諸子の書物や、秦・漢歴代の史記に対しては広く通じ、詳しく語る者がいても、わが国の事実に至っては、反対に茫然とし、その始末を知ることもないのが、非常に嘆かわしいことである。

まして新羅氏・高句麗氏・百済氏の三国が鼎立し、中国と礼を持ってよく通じていたため、范曄の『後漢書』や宗祁の『唐書』に〔三国の〕列伝が全て記された。

しかし〔それらの史書は、自国〕内のことは詳しくても、国外のことは簡略で、詳しく記されなかった。また〔三国が書き記してきた独自の〕古記にしても、文章が粗略かつ稚拙で、事績の欠落もある。従って君子の善悪や、臣下の忠邪、国の安危、人民の治乱を全て書き表すことができず、〔後世への〕勧戒とならない。ここに〔才・学・識の〕三長の才〔ある者〕を得て、一家の歴史を完成し、〔それを〕万世に遺して、日や星のように明るくしたいものだ」（金富軾編著　井上秀雄　鄭早苗訳注『三国史記４』平凡社Ｐ244）

そのため高名な儒学者、金富軾（ふしき）が齢（よわい）70にして書き上げた正史だった。『古事記』が書かれたのは、天武天皇が「正しい帝紀を撰んで記し、旧辞をよく検討して偽りを削除し、正しいものを定めて後世に伝えようと思う」と仰せられたからだが、高麗王も同じ思いに至ったのかも知れない。何れにしても、『三国史記』抜きに彼らの歴史を語ることはできない。

新羅（辰韓）建国の経緯

では新羅は如何にして建国されたのか。『三国史記１』は次なる一文から始まる。

「第一代　始祖赫居世居世干（かくきょせい）（在位前五七―後四）　始祖の姓は朴氏で、諱（いみな）は赫居世である。前五七年四月に即位した。王号を居西干といった。この時、十三歳であった。これ以前に、朝鮮からの移民が山間に分かれて六村を作っていた」（３）

この一文は『三国志』の記述、「朝鮮に逃れたシナ人の亡民が馬韓に流れ来て、馬韓王より居住を許され、馬韓の東に六村を作って住んでいた」と一致する。朝鮮とは半島北部を指し、韓とは半島南部を指しており、その南は倭人の地だった。（89頁図7-1参照）

「六村の中のある村の村長が、南山の麓の林の中で不思議な出来事を目撃した。林の中で馬が跪くようにして嘶いていた。行ってみると馬の姿は見えなくなり、大きな卵だけがあった。その卵を割ると中から幼児が出てきた。その子が十余歳になると、若いのに優秀で、老成していた。六村の人たちは彼の出生が神秘的だったので、彼をあがめ尊び、この年になって君主に擁立した」（3）

「辰韓では瓢のことを朴という。この卵が瓢のようだったので始祖の姓を朴とした。

五年（前五三）春正月、龍が現れその右脇から幼女が生まれた。老婆がこれを見て奇跡だと思い、取上げて育てた。それが始祖の王妃となった。

十九年（前三九）、春正月、卞韓は国をあげて服属してきた。

二十一年（前三七）、王都を築き金城といった」（4）

日本の弥生時代中期、彼らは次第に実力をつけ、弱体化した馬韓への朝貢を停止した。そのため馬韓王から喚問され、辰韓王は前20年春2月、瓠公を派遣した。

すると馬韓王は彼をなじって次のように言った。「辰韓と卞韓は我が属国である。近年貢物を送って来ない。大国に使える礼儀としてそのようなことでよかろうか」。

瓠公は次のように答えた。「わが国では赫居世が建国してから、辰韓の遺民、卞韓、楽浪、倭人に至るまで新羅を畏れない者はありません。それにも関らず我が国王は謙虚で国交を開こうとしています」と。

馬韓の大王は激しく怒り、刀で脅したが瓠公は怯(ひる)まず、「これは一体どういうつもりなのか」とおそらくは従者と共に身構え、左右の重臣が馬韓王をいさめたため、彼は帰国を許されたとある。

軒を貸した馬韓はこうして滅んだ

その後も、馬韓の地に北方から人々が流れ込んできた。百済の始祖・温祚(おんそ)王（前18～後28）も、扶余からわずかな家臣と人々を引き連れ、逃れるように南下してきた。その経緯は馬韓王が温祚に語った言葉から知ることができる。

「王がむかし河を渡って来たときには、足を踏み入れる場所もなかった。そこで、私が自分の領土の東北部一百里の地をさいて、安住させた。私の王に対する待遇は厚かったといえましょう。当然これに報(むく)いる思いがあって良いのではなかろうか。

いま国が完成し、国民が整っていて、自分に匹敵するものがないといって、盛んに城郭を造り、わが領土を侵犯しているのは、どういうつもりなのか、と言ってなじり責めた。（百済王は恥じてその柵を壊した」（『三国史記2』p279）

倭人の末裔、馬韓王は、他人に親切にすれば、相手も親切で返す、という思想を持っていたようだ。だが百済王にはそのような考えはなく、恩義ある馬韓を滅ぼしてしまう。

ある日、百済の地で、井戸の水があふれ、牛の首が1つで体が2つの子が生まれた。そのことを占師に尋ねると、占師は「大王が隣国を併合するしるしです」と答えた。百済王は占師の言うことを信じ、辰韓・馬韓を併呑する気になった。

冬10月、百済王は「田猟に行くのだ」と偽り出兵し、ひそかに馬韓を襲撃し、ついにその都を併せた。そして遺臣が抵抗するも翌年（西暦9年）、遂に馬韓を滅した。

こうして成立した百済とは、国民は変わることはないまま、国王や指導者だけが北方民族にとって代わった国といえよう。その後、百済と高句麗や新羅との戦いが始まるが、結束力の違いが国の運命を分けることになる。

辰韓の全権大使は倭人だった

では、馬韓王と直談判した瓠公とは何者なのか。

「瓠公はその出身の氏族名を明らかにしていない。彼はもともと倭人で、むかし瓢（ひさご）を腰に下げて海を渡って新羅に来た。そこで瓠公と称したのである」（『三国史記1』p7）

彼は倭人だった。辰韓の祖、赫居世（かくきょせい）も馬韓から海を渡ってやって来た倭人であったのか、瓠公との会話に困ることはなかった。その後、赫居世の長男、南解（4～24）が第二代王として即位する。旱魃（かんばつ）、蝗（こう）害、疫病の大流行、楽浪郡との戦い、様々な苦難が降りかかってきた時代、南解王は長女を脱解に嫁がせ、大輔（たいほ）（首相）に任命し、苦難を切り抜けて行く。

「五年（八）春正月、王は脱解（だつかい）が賢者であることを聞き、長女を彼と結婚させた」（10）
「七年（一〇）秋七月、脱解を大輔（たいほ）に任命し、軍事や国政を委任した」（10）
「十一年（一四）、倭人が兵船百余隻で海岸地方の民家を略奪した」（10）

やがて南解が死に、太子、儒理（じゅり）（24～57）は脱解に王位を譲ろうとする。しかし脱解は固辞し、結局は儒理が王になったが、彼は次なる遺言を残して亡くなる。

「脱解は身分が王家の外戚（先代王の長女の夫）につながり、その位は王の補佐の臣にある。しばしば功名をたてており、私の二人の子供の才能は彼に遠く及ばない。私の死んだ後、脱

解を王位につけなさい。私の遺訓を忘れないでほしい。そして冬十月、王は薨去した」（15）

では儒理王が長男・次男を退け、国を委ねた脱解とは何者なのか。

脱解は「倭国の北東一千里」から来た

『三国史記1』は脱解の出自を次のように記していた。

「脱解はむかし多婆那国で生まれた。その国は倭国の北東一千里のところにある」（15）

この時代、倭国とは北部九州を指し、東北一千里の多婆那国とは但馬辺りを指している。

「むかしその国王が女国の王女を娶って妻とし、妊娠して七年たって、大卵を生んだ。王は次のように言った。人でありながら卵を生むというのは不祥なことです。捨ててしまいなさい。王妃は捨てるに忍びず、絹の布で卵をくるんで、宝物とともに箱の中に入れ、海に浮かべ、行く先を任せた」（15）

その後、「この船は金官国に流れ着き、流され、結局は辰韓の海岸に流れ着いた（図8－1）。

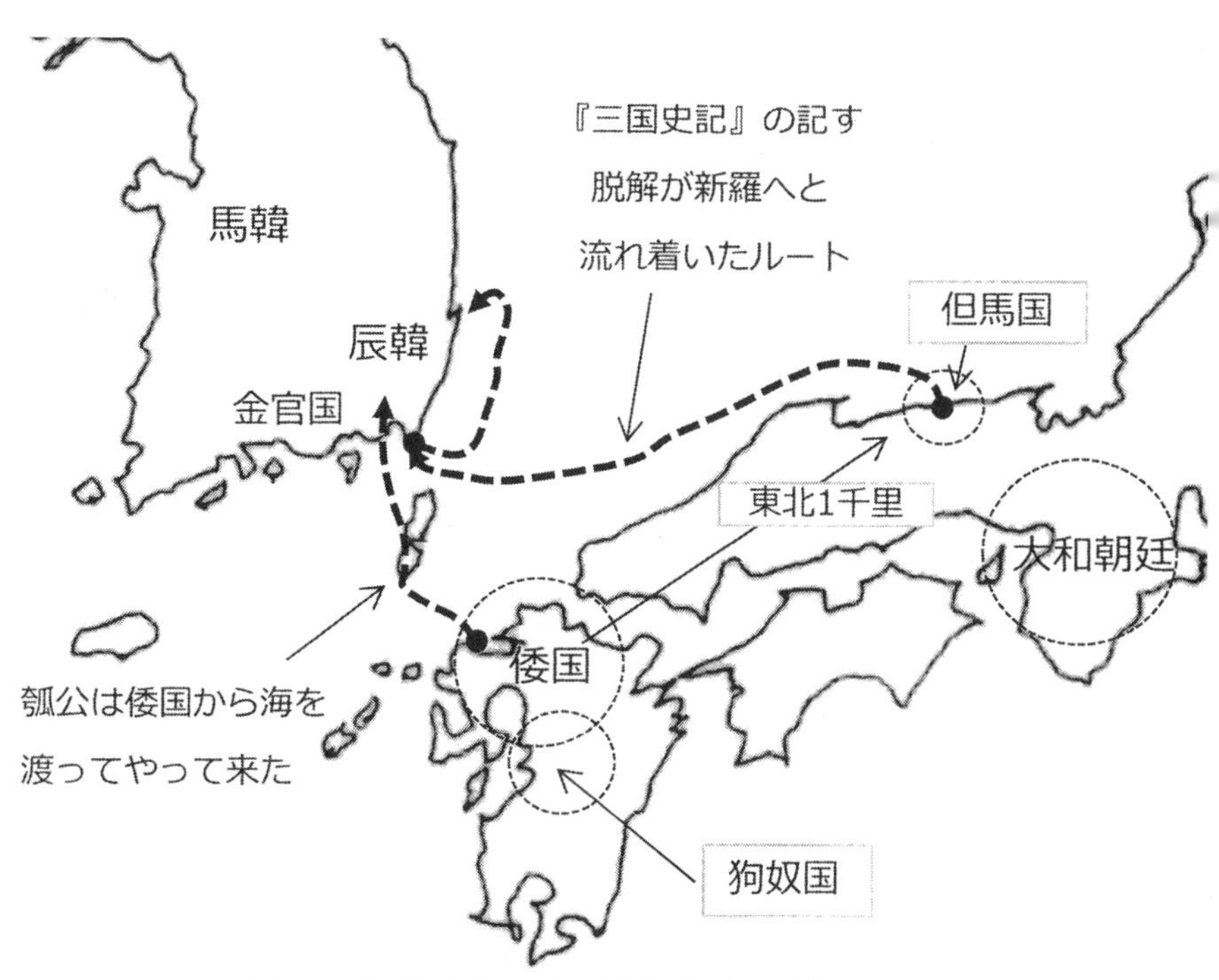

図 8-1 『三国史記』の記す脱解と瓠公の渡海ルート

海辺に住んでいた老婆がその船を引き寄せ、箱をあけると1人の少年が出てきた。この子は壮年になるにしたがい、身長9尺にもなり、その風格は神のように秀でて明朗で、その知識は人々にぬきんでていた。

ある人が、この子供の姓は分からないが、最初、箱が来たとき、1羽の鵲(かささぎ)が飛んできて鳴きながらこの箱に従っていた。そこで、鵲の字を省略して、昔(せき)の字をもって氏の名とした。彼が日本人だった傍証もある。

「脱解は始め魚つりをしてその母を養っていたが、少しも怠ける様子がなかった」(16)

『魏志』倭人伝に依れば、漁師は倭人の生業(なりわい)とされ、半島の東海岸からは日本で使われた釣針と似たものが発見されている。養母は脱解の才能を見抜き「お前は常人ではありません。どうか学問をして功名をたててください」と言ったとある。そこで、〔脱解は〕学問に専念し、地理にも精通した。

“詐欺師”は“賢者”なる価値観の源

脱解が狡知(こうち)にも長けていたことを示す逸話がある。

「〔あるとき彼は〕楊山（慶州市の南山）の麓の瓠公の宅を望み見て、そこを吉兆の地と考え、相手をだましてその土地をとりあげて、そこに住んだ。その地が後に月城（慶州市仁旺里）となった」（16）

『完訳　三国遺事』は脱解の計略をより詳しく記していた。

「偽りの計略を立て、ひそかに礪炭をその家のそばに埋めておいた。翌日の早朝、その家の門前に行って、ここは私の祖先の家です、といった。瓠公は、それは違うといって、争いがはじまり、なかなか決着がつかなかった。そこでとうとう役所に訴えた。役人が「どんな証拠があってお前の家だといいはるのか」とただすと、その子供が〈私どもはもと鍛冶屋であったが、しばらく隣の村にいっているあいだに、他人が奪って住んでいる。この地を掘ってみればわかることだ〉といった。いうとおりに掘ってみると、いかにも礪炭が（地中）にあった。それでそこを自分の家にすることになった。ときに南解王が脱解の知略があることを知って長女を娶らせた」（83）

日本人は子供のころから「ウソをついてはいけない」と教えられるが、上記の一文は現代に繋がる韓民族（中国人もそうだが）の特徴、ウソをつき、ダマして他人の所有物、金品、技術、領土を奪い取る者、即ちドロボーは〝悪人〟ではなく〝賢者〟と見做す源（みなもと）である。

同時にこの一文は、元々この地には日本からやって来て住み、製鉄を行っていた人々がいたことを示唆している。日本の製鉄は遅くとも前4世紀には開始されており、但馬は古来より製鉄の盛んな土地だった。

従って、遥か前から但馬の人々は半島でも製鉄業を営んでいたことが分かる。そうでなければ砥石と炭が見つかっただけで、子供の脱解が所有権を主張し、それを役人が認め、それに屈した瓠公が土地を明け渡すことなどなかっただろう。

不都合な真実・新羅王族のルーツは日本だった！

第4代新羅王となった脱解（だつかい）（57〜80）は、翌2年春正月、瓠公（ここう）を大輔（たいほ）に任命することで新羅は日本人が差配する国になった。脱解には仇鄒（きゅうすう）という子が一人いたが、他に隠し子がいたと思われる。それは次のような話が記されているからだ。

「九年（六五）春三月、脱解王はある夜、金城西方の聖なる林の中で、鶏の鳴き声を聞いた。夜明けになって、瓠公にそこを調べさせたところ、金色の小箱が木の枝にかかっていて、その下で白鶏が鳴いていた。瓠公は城に帰って王に報告した。

王は役人にその箱をとって来させ、これを開かせた。すると小さな男の子がその中にいた。

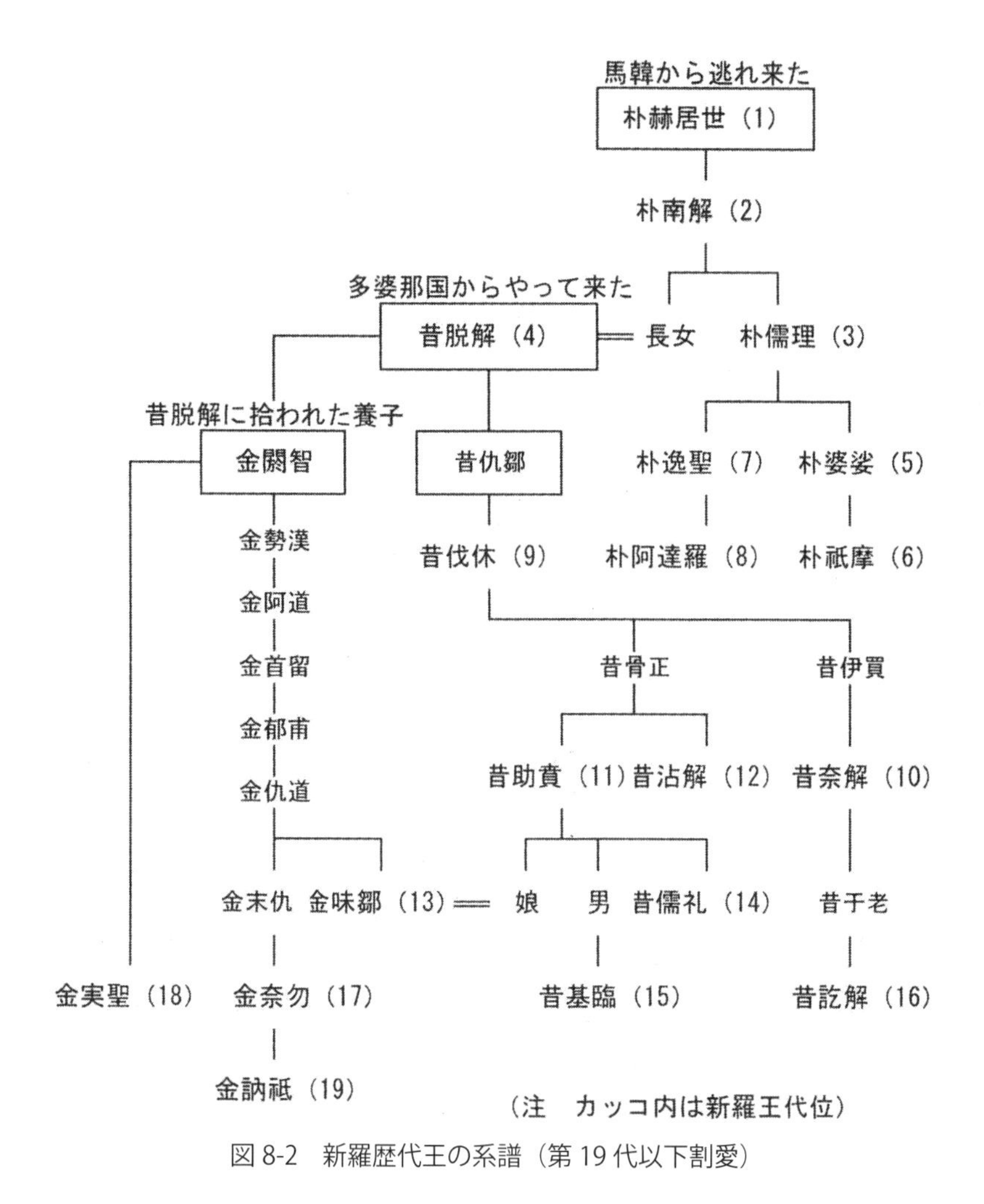

図 8-2　新羅歴代王の系譜（第 19 代以下割愛）

その姿や容姿が優れて立派であった。王は大変喜んで左右の近臣に、これはきっと天が私に跡継ぎとして下されたのに違いない、と言って、この子を手元において養育した。
大きくなると、聡明で知恵もあり、機略にも富んでいた。そこで閼智（あっち）と名づけた。彼が金の箱から出てきたことにちなんでその姓を金氏とした。また始林を改め鶏林（けいりん）と名づけ、この閼智が後世新羅王室の始祖となったことによって鶏林を国号とした」（『三国史記1』p18）

これは、脱解の血筋が新羅を支配するよう仕組んだと見る他ない。脱解と瓠公が、金色の櫝（はこ）の中に脱解の隠し子を入れ、枝にかけ、王が「天が私に跡継ぎとして下されたのに違いない」と言い、大輔が肯定すれば誰も逆らえない。

「編者金富軾はこのことについて次のような意見を持っている。新羅の王系で、朴氏と昔（せき）氏との始祖は、何れも卵から生まれたと伝えている。金氏の始祖は天より金の櫝に入って降臨したという。別の伝えでは金の車に乗って始祖が降臨したといっている。これらは大変奇怪な話で、とても信ずることができない」（407）

だが、氏がこの話を採録したのは「人々がこの話を強く信じていたからだ」とある。やがて脱解の孫が第九代の伐休（ばっきゅう）王となり、彼の血統を引く男子が、10、11、12、14、15、16代の王となり、脱解の養子・金氏が第13代の辰韓王（２６２〜２８４）になる。その後は、金氏の子孫が新羅王を独占することになる。（図８‐２）

高麗王が正史に書き遺したことは、「新羅王族は日本にルーツを持つ人々だった」であり、今西龍氏も次のように指摘していた。

「昔氏の如きは明らかに日本人にして王の婿となりしものなり」（『朝鮮史の栞』p94）

だが戦後、なぜか日韓の歴史学者はこの事実に触れようとはしなかった。これでは日韓史の根幹を知ることはできない。

広開土王碑「日本は百済・〇〇・新羅を臣民とす」

三国時代になっても半島南部には伽耶、任那、加羅という倭人の国があり、大和朝廷は半島に強い影響力を持っていた。それを裏付けるように、鴨緑江の北側に5世紀初めに建てられた「広開土王（第19代高句麗王）碑」は次のように刻んでいた。（和訳）

「新羅や百済はかつて高句麗の属国であり朝貢していたが、辛卯（かのとう）の年（３９１年）よりこの方、日本が海を渡り来て、百済、〇〇、新羅を破って日本の臣民にしてしまった」

『三国史記1』には、新羅の実聖尼師今の時代「元年（402）三月、倭と国交を結び奈勿王の王子未斯欣を人質とした」（73）とある。「王子を人質に送った」ということは、新羅が日本の臣民になったことを意味する。『三国史記4』にも、百済の阿莘王の時代「六年（397）夏5月、王は倭と好を結び、太子の腆支を人質とした」（327）とある。太子は次の国王となる人だから事は重大であり、これは百済が日本の臣民になったことを意味する。〇〇は不明なれど、加羅、伽耶、任那などを指すと思われる。（図8-3）

『日本書紀』にも、新羅、百済、任那は大和朝廷に朝貢していたことが採録されている。また、『隋書』倭国には次のような記述がある。

「新羅・百済では、倭国を大国で珍しい物が多い国と考えて、両国とも倭国を畏みうやまい、常に使者を往き来させている」（『倭国伝』p199）

その後、隋の煬帝の大業3年（607年）、大和朝廷は使者を派遣し、次なる国書を送った。

「太陽が昇る東方の国の天子が、太陽の沈む西方の国の天子に書信を差し上げる。無事でお変わりはないか……」（199）

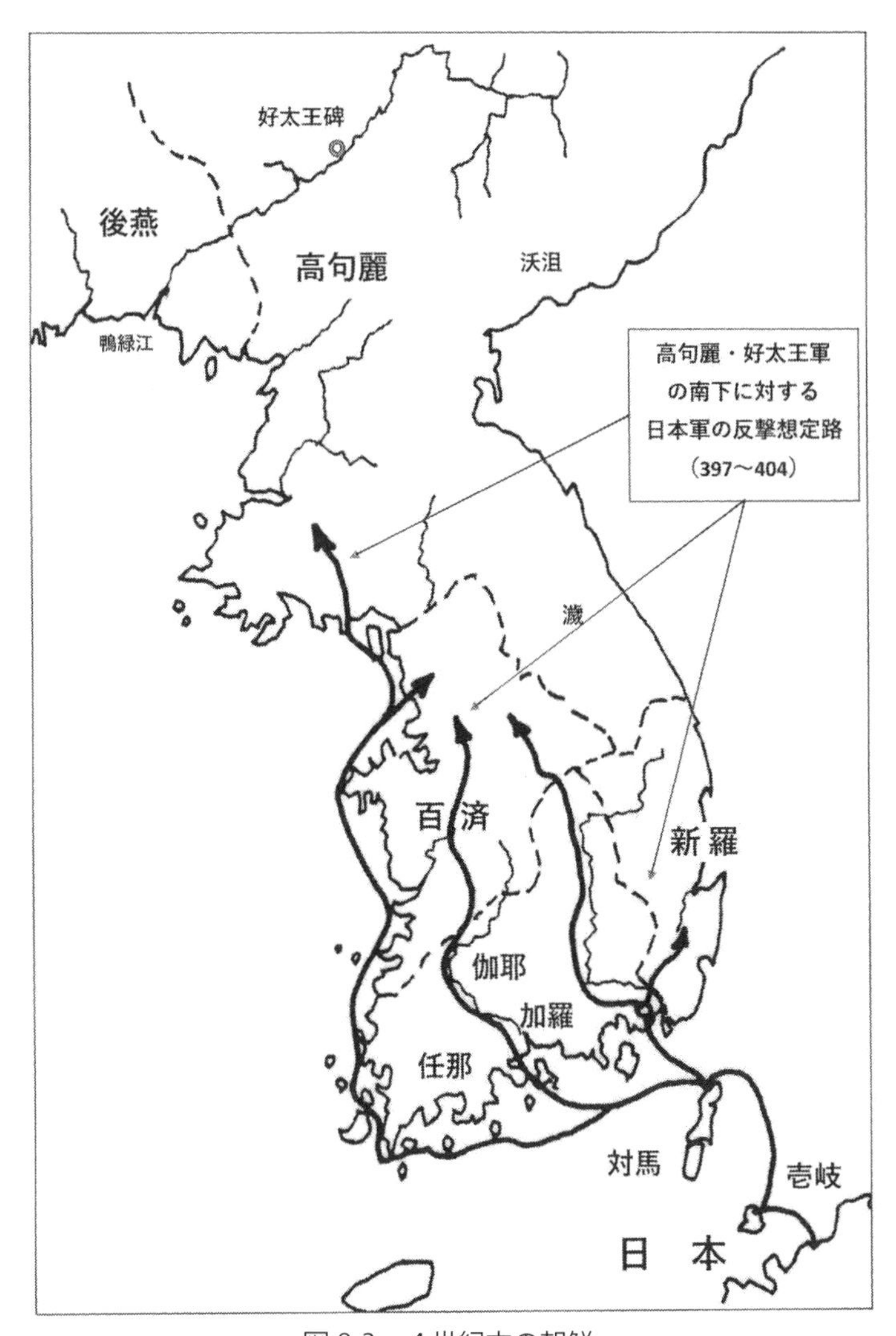

図 8-3　４世紀末の朝鮮
（『日本史年表・地図』吉川弘文館の日本史地図４・③を参考に作図）

煬帝はこの国書を見て不機嫌になり、「蛮夷からの手紙のくせに礼儀をわきまえておらぬ。二度と奏上させることのないように」と言ったとある。

だが608年、隋は日本に軍ではなく、返礼の使者を送ることになる。両国は対等な関係にあったのだ。その10年後、隋は天皇が心配した通り、太陽の沈むが如く滅んでしまう。

韓国の前方後円墳と埴輪

1984年、韓国の姜仁求氏は、朝鮮半島にも前方後円墳がある、と発表した。彼は、「築造年代は1~3世紀であり、前方後円墳は半島から日本へと伝えられた」として分布図を提示した（図8-4）。新羅に前方後円墳があるのは「新羅の王族が倭人だった」ことを思えば理解できる。また発掘された王冠には、日本からもたらされた勾玉が誇らしげに鏤められていたが、それは新羅王にとって権威を高める宝だったからに違いない。

この頃、ソウルにある韓国国立中央博物館の四階の片隅に日本室があり、埴輪が展示されていたから、韓国から埴輪が出土していたことが分かる。（写真8-1）では前方後円墳や埴輪は、韓国から日本へ伝えられたものなのか。その後、都出比呂志・大阪大学教授は、NHK人間大学『古代国家の胎動』（1998年）で次のように指摘した。

「韓国では近年、前方後円墳の形をした古墳の発見が相次いでいます。ほとんどは韓国西南

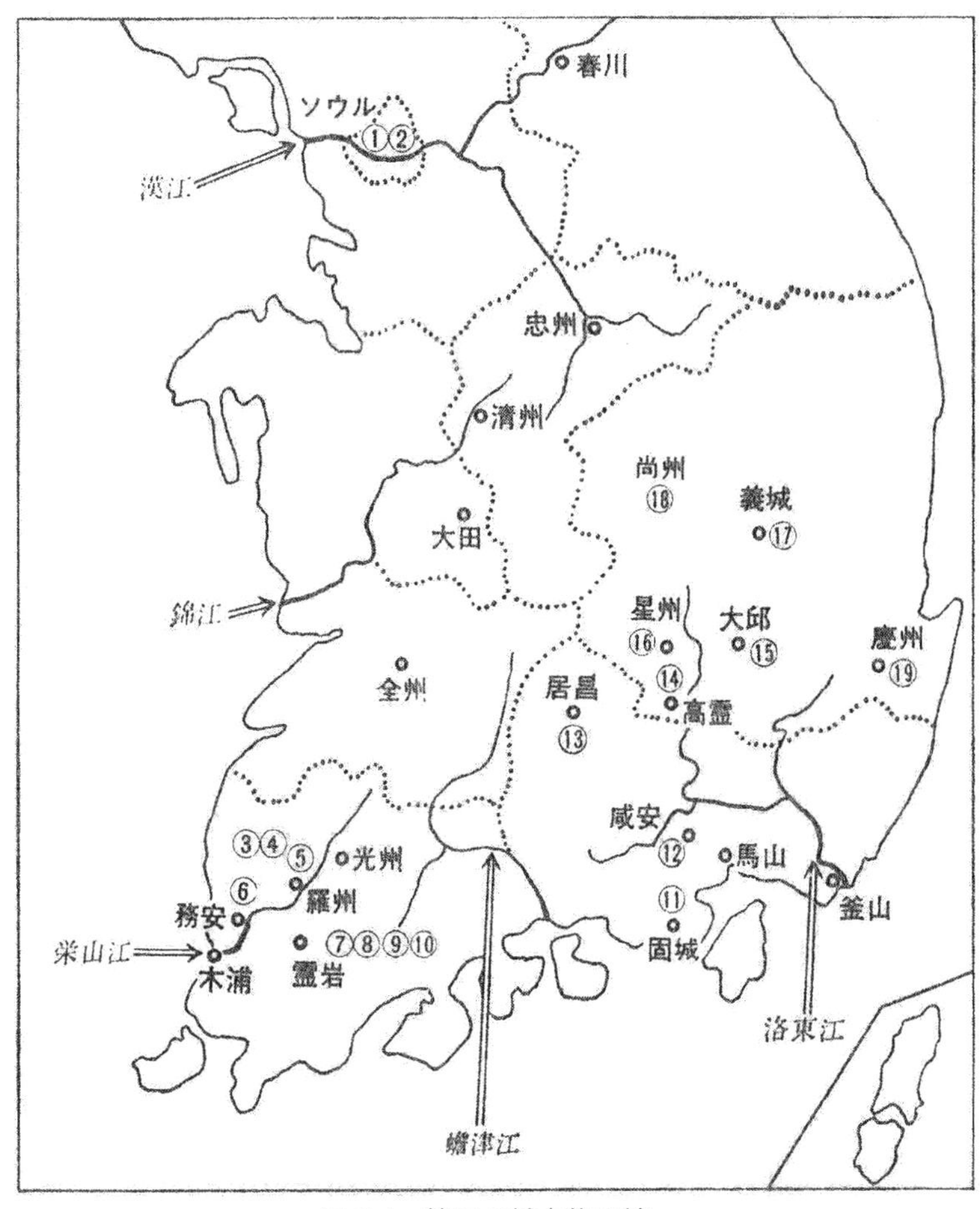

図 8-4　韓国の前方後円墳
（森浩一編著『韓国の前方後円墳』社会思想社 P23 より）

写真 8-1　韓国国立博物館に展示されていた埴輪

部の栄山江流域に集中し、これまで10例ほど見つかっています。５世紀後半から６世紀のものが多く、なかには、倭の地の製作技法に似た円筒埴輪をもつものもあります」(84)

簡単に言うと「半島の前方後円墳は日本から伝えられた」ということだ。前方後円墳は大和朝廷の勢力圏、と云われているから、新羅、百済は、広開土王の碑にある通り日本の影響下にあったことになる。その後、新設なった『韓国国立中央博物館・小図録』(２００６年)を見ると、日本室の埴輪は一体残らず消え去り、何故か他の展示物に代わっていた。

韓国の前方後円墳・後日譚

慶尚南道の沿岸部・固城の中心部にある松鶴洞古墳(写真８-２)は前方後円墳である、と森浩一氏は認めていた。処が２００１年以降、盛土され、３つの円墳(写真８-３)に改造され、別物になっていた。

２０２１年、半島最大の長鼓峰古墳(全羅南道海南郡北日面方山里)が開かれた。処が考古学者らは５～６世紀の九州の海岸部から有明海一帯で造成された貴族の石室墓と瓜二つなのに驚き、騒ぎが起こるのを恐れて、直ぐに埋め戻されてしまった。

これらは例外かというとそうではない。百済の古墳も人の手が加えられ、本来の姿を失っていた。井上秀雄氏は、そのときの驚きを次のように記す。

写真 8-2　固城松鶴洞古墳側面全景
（岡内三眞編『韓国の前方後円形墳』雄山閣より）

写真 8-3　固城・松鶴洞古墳
（盛土され別物にされてしまった・ネットより）

「翌日、再び館長の手をわずらわして陵山里古墳群を案内してもらった。百済の墳墓は封土をそれほど高く盛り上げていなかったが、近年、観光用に封土を高くしたのだという。既成概念が史実を変える恐ろしさをここでも感じた」（『古代朝鮮』p191）

韓国人の考古学者は、百済の古墳を立派に見せるために盛土をして高くしていた。日本人には信じられない話だが、彼らには罪悪感の欠片もなかった。韓国人にとって、古代から近現代史まで、歴史の改造、改竄は構わないと云うことだ。日本もそうだが、歴史にウソが蔓延る国の未来は危うい。

第9章 韓民族は近親婚・近親相姦集団だった

韓民族は昔から族外婚か？

若かりし頃、筆者は江藤淳先生の次に山本七平氏の本を読み漁った。その中に『日本人とは何か　上』（PHP）があり、氏は〝族外婚〟を次のように解説した。

「中国・韓国すなわち東アジアは族外婚で日本は例外なのです。そしてアラブへ行くと族内婚なのですが、こういう原則がなぜ生じたのかは、良く分かりません。

韓国人には族譜（または世譜）という膨大な系図があります。これは日本のいわゆる系図からは想像できない膨大なもので、釜山大学の金日坤教授に、先生のところには何冊くらいと伺いましたら、何と四十冊、そして国中の系図の副本が韓国の国会図書館にあるそうで、こういう国は世界で韓国だけだろうと言っておられました。

この同一系図に入っているものどうしは結婚できない。簡単にいえば血縁の範囲が非常に広くて、その血縁内では結婚できない」（21）

それ以来、筆者は「韓民族は昔から族外婚」と思い込んでいたが、『三国史記1』を読み進めると奇妙な話に行き当った。

「金奈勿尼師今が即位した。姓が金氏で、仇道葛文王の孫である。王父は末仇角干で、王母は金氏仇礼夫人で、王妃は金氏で金未鄒王の娘である」(68)

何と奈勿尼師今の祖父、父、母、王妃も全て同本同姓の金一族だった。しかも金未鄒と金末仇は兄弟だった。ここに至り、「韓国人の祖先は族外婚どころか、トンデモナイ近親婚集団ではないのか?」なる疑念が点灯したのである。

韓国人の「族譜」は殆ど贋物だった!

先ず〝族譜〟から調べていくと次なる一文を知ることになった。

「一九〇一年に大邱地区における身分別人口の推移について行われた研究があるが、一七六〇年代には両班が8%、中人と常民が51・5%、賤民が40・5%という人口構成であったのが、一八六四年には両班が65・48%、中人と常民が33・96%、賤民がわずか0・56%にまで減っている。大邱はもっとも儒教秩序が濃かった地方であったから、全国的に見ても、

ほぼ同様と考えられている」(『韓国堕落の2000年史』p92)

崔基鎬氏は、これの意味について解説した。

「一〇〇年余りのうちに、このように賤民が激減し、中人と常民が競い合うように両班に昇格しているのは、当時の売職、買官がいかにひどかったかを示すとともに、家柄を証明した〈族譜〉の金銭売買が盛んに行われていたためである。

族譜は詳細な家系図であって、今日でも韓国では、一族の本家にかならず備えられているが、日本の家系図とまったく違い、普通七〇巻あまりにわたるものである。

特に李朝末期の高宗の時代に入ってから、身分構造の変化が著しく、中人・常民の両班化と、賤民の両班、中人、あるいは常民化現象が起こった」(92)

百年間で両班が8%から65・48%に増えたということは、韓国の〝族譜〟は単に売買されただけではなく「大量に偽造された」ことを意味する。「偽造」しなければ、これほど増えることはないからだ。また、賤民が40・5%から0・56%と激減したのは、賤民の〝族譜〟の殆どが捨てられ、偽造されたことを意味する。要するに韓国の〝族譜〟は信用ならないということだ。ではどの程度信用ならないか計算してみたい。

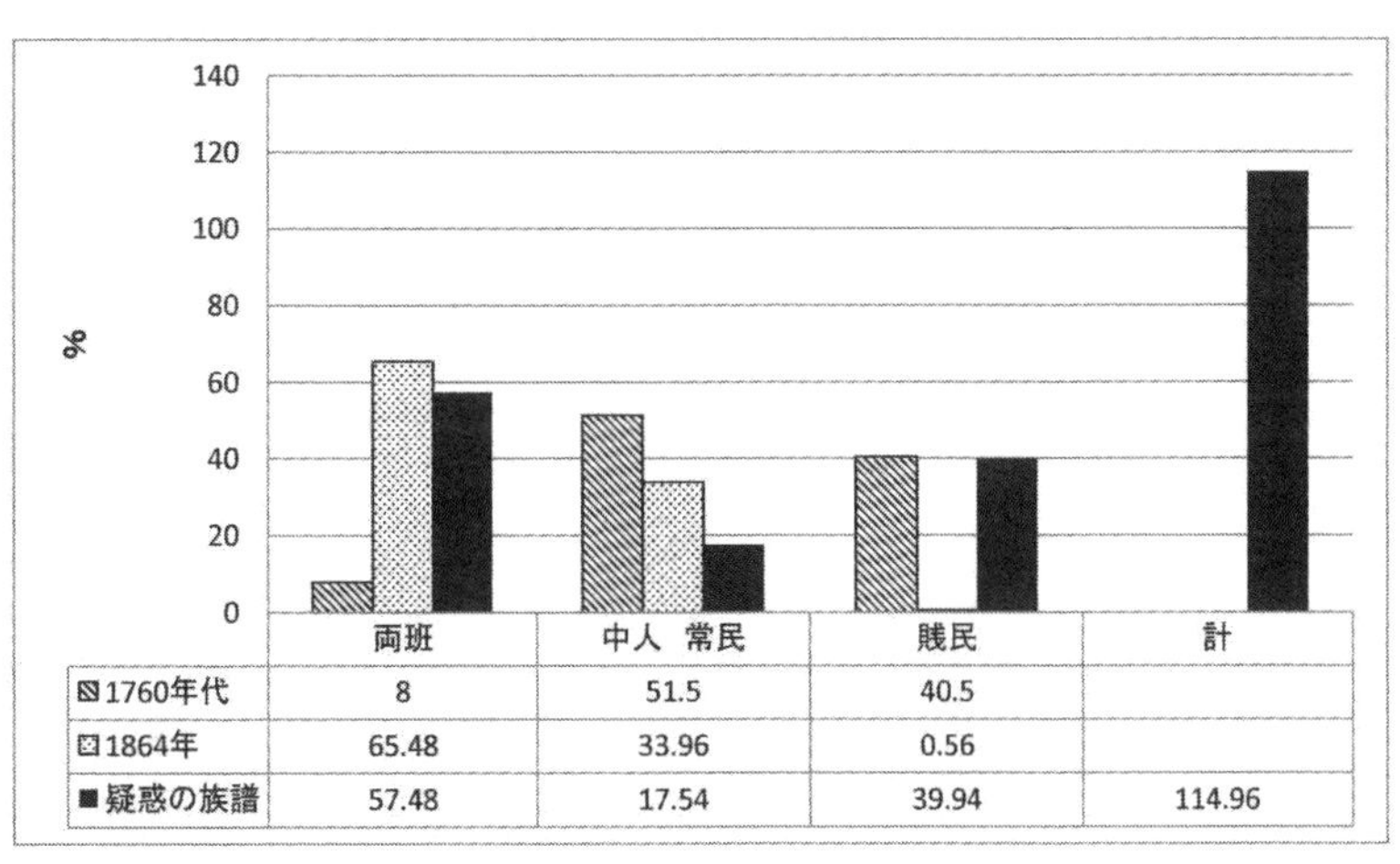

	両班	中人　常民	賎民	計
1760年代	8	51.5	40.5	
1864年	65.48	33.96	0.56	
疑惑の族譜	57.48	17.54	39.94	114.96

図 9-1　韓国人　族譜の実態（ほぼ全てがニセ物か捏造だった）

先ず、両班の〝族譜〟を買うか偽造し「両班になった賎民がいた」と云うのは、１７６０年代には両班が８％、中人と常民が51・５％であり、両者を加えても59・５％に過ぎない。

処が、１８６４年には両班が65・48％を占めたのだから、仮に全ての中人と常民が族譜を偽造して両班に成りすましても、なお６％不足する。この値は賎民が両班に成りすました最小値となる。両班が８％から65・48％に増えたということは、57・48％（65・48－８＝57・48）がデタラメということだ。

同様に、賎民が40・５％から０・56％に減ったということは、約40％（40・５－０・56＝39・94）の賎民が族譜を購入するか偽造し、両班、中人、常民に成りすましたことになる。

結局、韓国の族譜なるものは、57・48％と40％の合計、97・48％が「偽物」となり、これに中人と常民の差、51・5％－33・6％＝17・54％を加えると115％に達する。（注：このような3つの差を加えると論理的には最大200％になり得る）

崔基鎬氏の解説と併せ考察すると、現在の韓国の族譜は、ほぼ全て偽造・捏造・売買された代物となる。（図9－1）

すると金日坤氏が持っていたという40冊の族譜を含め、韓国の家や国会図書館にあるという族譜もデタラメ、持ち主と無関係なニセモノとなる。なぜ、韓国人はこんな贋物を後生大事に持っており、自らを拘束しているのか、理解不能な方も多いのではないだろうか。

新羅の昔氏・金氏は近親婚集団だった

大正九年、今西龍氏は『朝鮮史の栞』で次のように指摘していた。

「新羅の階級五骨の中、第一骨たる聖骨即ち王種はその血統の混濁を恐れて他骨と婚嫁を通ぜず。異母妹を娶る如きはその通例として避くる所にあらず」（93）

だが戦後、氏の指摘は消し去られ、或いは〝不都合な真実〟故、日韓の学者や識者も触れようとしなかった。それ故、山本七平氏も「韓民族は従兄妹同士の結婚などあり得ない」と信じたようだが、『三国史記1』を読むと第3代儒理王の次なる遺言に行き当たる。

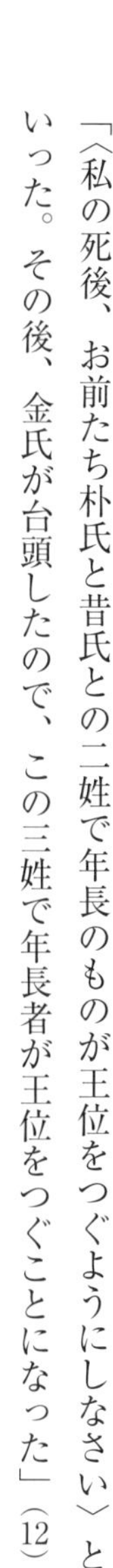
「〈私の死後、お前たち朴氏と昔氏との二姓で年長のものが王位をつぐようにしなさい〉といった。その後、金氏が台頭したので、この三姓で年長者が王位をつぐことになった」（12）

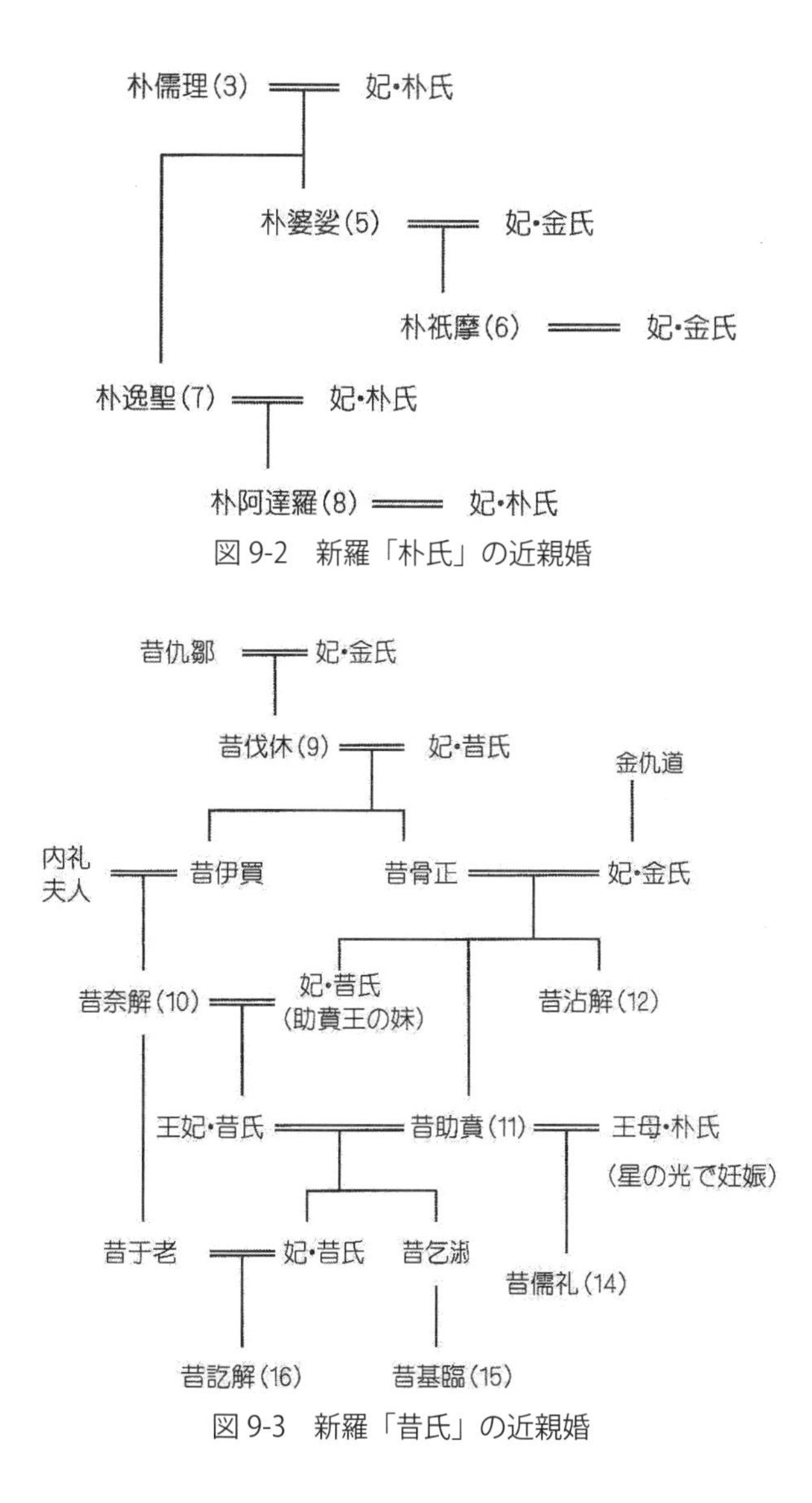

図 9-2　新羅「朴氏」の近親婚

図 9-3　新羅「昔氏」の近親婚

これが近親婚を繰り返してきた遠因だった。以後、王子も王女も王室を離れず、王室内での通婚が行われてきたのだ。確認のため、始祖の朴氏（図9‐2）と昔氏（図9‐3）の婚姻関係を追うと、彼らは近親婚を繰返していたことが分かる。そして遺伝的弊害故か、子孫を残せず家系は断絶した。確認のため、金氏の婚姻関係を追ったのが〈図9‐4〉である。族外婚など何処へやら、彼らも近親相姦集団と化していたのである。

新羅時代・近親婚は民族全体に及んでいた

日本では稀であるが、イスラム圏では従兄妹（いとこ）同士の結婚は珍しくないと云う。韓国人はこのような結婚形態を非難してきたが、自分たちこそ近親婚・近親相姦民族だった。それを知っていた金富軾は新羅の近親婚を厳しく批判した。


「編者金富軾はこのことについて次のような意見を持っている。

〔中国では〕妻を娶（めと）る時に、同姓をとらず、〔姓の〕別を重んじている。それゆえに、〔姓が姫（き）氏の〕魯公が呉〔の国王の娘姫（き）氏〕を娶ったことや、〔姓が姫（き）氏の〕晋侯に四人の姫氏の妃（きさき）があることを、陳の司敗（刑罰を司る役人）が強く批判した。

新羅の場合には同姓を娶るだけでなく、兄弟の娘や叔母および従姉妹などを正式に娶って妻としている。〔中国〕以外の国ではそれぞれ独特の風習があるが、その風習を中国の礼法

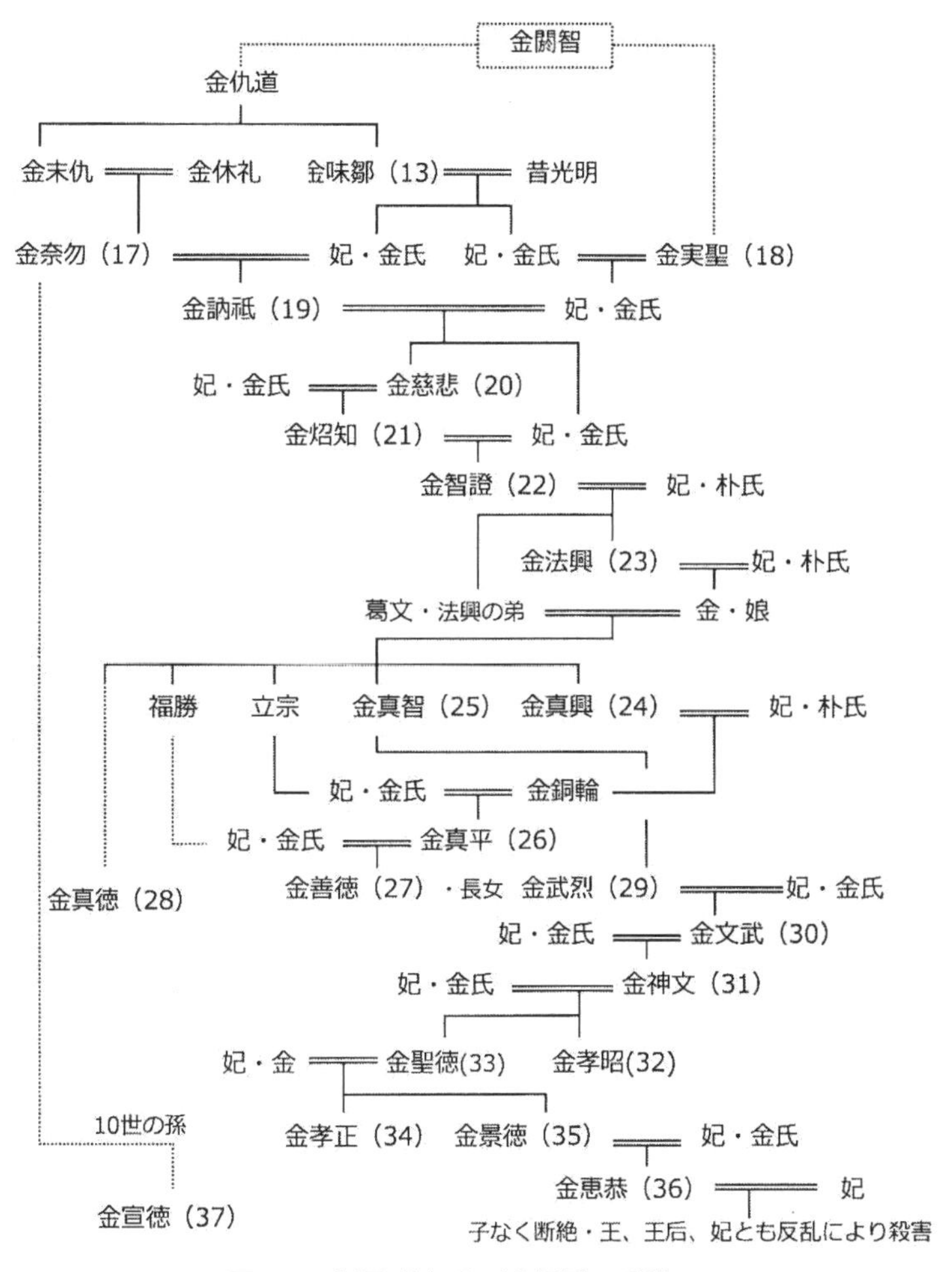

図 9-4　新羅「金氏」近親婚の系譜

でもって批判すれば、大変間違った〔こととといわねばならない〕。匈奴で母と子が結婚するような場合はこれよりも更にはなはだしい」（『三国史記1』p68）

王族が近親婚集団なら一般庶民もその影響を受けないはずがない。金富軾が「新羅の場合」と記したように、この時代になると韓民族の近親婚は全階級に及んでいた。

中韓が「族外婚」を取り入れたわけ

北海道大学の三宅勝氏は『韓国の同姓同本不婚制に関する背景と課題』（北海道大学1996―10）なる論文に於いて韓民族の婚姻について言及していた。

「紀元前後の朝鮮諸種族の状態を記した三国志・東夷伝によれば、古代には、古朝鮮族、扶余族、高句麗族、挹婁族、濊族、馬韓族、弁韓族、辰韓族が分布していた。〈魏志〉の濊条に〈同姓婚せず（中略）〉とあり、濊族については同姓不婚を記している。他の種族については何等記していないのは、同姓不婚の俗は濊族のみの特有の俗であったからであろうと推察される」（307）

「近親婚の遺伝的弊害を、過去の長い経験によって知り得た濊族は、信仰的に彼等の原始的習俗たる同姓婚を忌み嫌い、同姓不婚を厳守するに至ったのであろう。従って、濊族は同姓

不婚以前に、比較的長い同姓婚の段階の存在を肯定しなければならない」（307）

そうなら「シナ人は太古より同姓婚を繰り返し、その弊害を知るに及び、春秋時代に同姓不婚の伝統を獲得するに至った」となるが、この習慣からなかなか抜け出せなかった。金富軾は「姓が姫氏の魯公が呉の国王の娘、姫氏を娶ったことや、姓が姫氏の晋侯に4人の姫氏の妃がいた」という話を紹介していたからだ。

そして三宅氏は、韓民族も古くから同姓婚を繰返していたと見ていた。

「馬韓、弁韓、辰韓は、概ね漢人と在来土着人との混在であるから、同姓婚、同姓不婚の二つの風習が併存したものと推察される」（307）

今、族外婚を叫ぶ中国人や韓国人には、前史として長い近親婚の時代があったのだ。

なぜ近親婚から抜け出せなかったのか

新羅が近親婚から抜け出せなかった一因に、強固な身分制度があった。

「新羅は（668～819）は、発展拡大の中で支配階級が固定化して、〈骨品制〉を形成していった。骨品の骨は血族であり、品は地位、身分である。骨品制とは、血族と地位、身分の結合した社会体制である。人はその生まれた族によって一定の階層に属し、その人の政治的、社会的地位をはじめ一切の生活様式は、その人の属する階層によって制約された。

最上の階層たる第一骨（聖骨、真骨）は朴、昔、金などの諸族に属する人々によって構成された。国王は必ず第一骨から出し、また高位高官は全て第一骨が独占した。第二骨は貴族を構成する族であった。第三骨の下にも、幾つかの骨があった」(307)

そして氏も、新羅王室が近親婚を繰返した理由を説明した。

「聖骨、真骨は〈神の選びたる民族〉なりとし、天孫民族との信念ないしは自負心を有していたので、被治者階級と婚ずることなく同一階級間のみで婚を通じたのである。

すなわち、このように新羅王家に対内婚の行われたのは、朴、昔、金が天降王種なりとの信念、自尊心に由来する。これは婚姻の範囲を一定し、その種血を益々濃厚ならしめてその純粋を保ち、もって天降王種、神聖種族なる誇りを持続せんとしたものなのである」(307)

三宅氏は「新羅王族は聖骨、真骨以外の血は入れない」事例を紹介した。

「真骨以外の女性を次妃にしようとした第46代文聖王に対し、諸真骨が〈その女は真骨ではない〉と反対し、王はその女性を諦めた」がそれである。

高麗時代に激しくなった近親婚

高麗の制度も、新羅となんら変わることはなかった、と三宅氏は記していた。

「新羅末に、高麗（９１８～１３９２年）は群雄割拠の状態を呈していた半島を統一して王朝を現出させ、高麗は新羅に代わって天下を統一したけれども、その文物制度は新羅時代となんら変わることなくそのまま継受した。従って婚姻においても新羅の内婚制を踏襲した」（308）

犬猫状態の韓民族を知った元の世祖は、高麗の忠宣王に対し、「高麗王族で同姓の女性を娶るものは、世祖の命に背く者として罪を論じて刑を適用す」と命じたが効目はなかった。

「このような聖旨（元皇帝の命令）があってからも、なお、王家の同姓婚の徹底根絶は困難であり、その血族婚姻はなんら変わるところがなかったのである。（中略）

高麗においては、異母の兄弟姉妹間でも相婚しており、その内婚は新羅時代よりなお甚だしいものがあった、という。そして王朝の風習に倣って、庶民の間においても同姓婚が一般

的に行われるようになっていた」(308)

韓国の鄭範錫氏は新羅、高麗時代に常態化した韓人の同姓婚、近親婚を認めた上で、その理由を次のように説明した。

①高麗時代になっても王家が天孫種族という優越感を持っていた。
②妃（きさき）の親戚が、政に干渉することを防ぐ意図があった。
③巫俗（むぞく）と仏教思想が支配的であり儒教思想が社会の慣習となっていなかった。
④親婚による遺伝上の弊害の認識がなかった。
⑤交通不便で族外婚が困難であった。
⑥男女間の交際が自由になって社会的風俗が好淫的であった。

要するに高麗時代は新羅時代より激しい近親婚・近親相姦が常態となり、元皇帝の命令をも受けつけない社会慣習になっていた。

シナの属国となった李朝の悲劇

儒教は高麗時代から半島へ流入しており、金富軾（きんふしき）のような儒者もいたが、高麗の国教は仏教だった。儒教が彼らの実生活に影響を与えたのは新羅や高麗の王族とは関係ない、李なる一族が高麗を簒奪したことに始まる。

李成桂は高麗の軍官だった。彼は女真族ともいわれ、明と戦うべく王命を受けて出立したが、主君を欺き、その軍を使って高麗王朝を滅ぼした。李は、「元ではなく明に奉公するのが目的だった」として即位翌年、使者を明に派遣し、明の属国として冊封されたが、この政変を崔基鎬氏は激しく非難した。

「李成桂は、一三九二年に李朝を創建するとともに、明に臣下の礼をとり、韓国は再び中国の属国に成り下がってしまった。これは、民族に対する悪辣きわまる反逆行為だった。

李朝は明を天子の国と仰いで、中国文化を直輸入した。朝鮮という国名も、明に選んでもらったものだった」（『韓国　堕落の２０００年史』p49）

李成桂は臣従の証に明の法律を模倣し、儒教を中心に据えることで同姓婚禁止が意識され始めた。それは次なる儒教の宗法制の中に「同姓婚禁止」が明記されていたからだ。

① 父権（父親の持つ絶対的権力）　② 父治（父は家を治める）
③ 父系（夫婦別姓、子は父の姓を受継ぐ）　④ 長子相続（男子の長男が相続する）
⑤ 族外婚（同姓同本者の結婚禁止）

更に「崇儒斥仏」政策に逆転させ、寺や仏像、仏画が全国で破壊され始めた。三代の太宗は、寺院が持つ奴婢の数を法をもって制限し、閉鎖させた寺院の資産と奴婢を没収した。

15世紀になると燕山君は、寺院を廃棄しその所有であった田畑をはじめ、全資産を没収し、僧侶は還俗させてその地位は賤民（せんみん）の一つとした。その結果、寺は山奥へ逃げ込み、僧侶がソウルに入ることも禁じられた。李朝は儒教を国教とし、仏教を徹底的に弾圧したが、これは仏教と儒教の併存を認めない不寛容政策だった。

李朝の身分制度を紐解く

李朝の身分制度は、国王、両班、中人、常民、賤民、極賤民で構成されていた。そして支配階級である両班は「労働は卑しい」という価値観で生き、額に汗して働く者を蔑んだ。

李朝時代を通じ、誰もが族譜を買い求め、或いは捏造してまで両班になりたかったのは、彼らは支配階級であり、様々な特権があったからだ。崔基鎬氏は次のように記す。

「両班は労役と兵役を免除されたうえに、納税の義務もなかった」（89）

「中人は非生産労働に従事する下級官僚階級であり、技術教育と実務官職（医学、通訳、算数、気象観測、写字、図画、技術：引用者注）に従事して、上級官僚の補助的な役を果たした。両班と同じように俸禄を食（は）み、小作料などの集租権を持っていたが、納税、労役、兵役の義務を負わされていた」（91）

「常民は国民の大多数を占めていたことから、良民とも呼ばれた。主として農業、手工業、商業に従事した。常民は土地を耕作することができ、租税、貢物（みつぎもの）、労役、兵役の義務を負っていたが、職業の選択や移住する自由がなかった。

商工人はいちおう常民のなかに含まれていたが、現実には賤民の扱いを受けた。商品や自分がつくった物を売るときに利益をあげるために、嘘をつくとみなされたからである。武人は、上級の将官以外は中人か常民であったが、いずれにせよ李朝では蔑視された」（91）

「李朝を通じて工人や商人は極端なまでに蔑視された。秀吉が朝鮮を侵略した時、日本へ連行された多くの陶工が、日本において高い敬意をもって遇されたのと対照的である」（95）

賤民は、医者、皮工、役所に所属する官妓（官に仕えた女性で医薬、裁縫、奏楽を司る）、牛や馬方、猟師、漁師、駅の使用人、僧侶から構成された。

「さらに、その下には極賤民がいた。賤民は賤民で、その下の賤民を差別して威張り散らした。賤民や極賤民は、一般人と区別するために、独特な髪形をしたうえに、すぐに区別できる服を着て、そのような履物（はきもの）しかはけなかった。両班はもちろんのこと、一般人であった中人と常民にも、腰をかがめて平身低頭しなければならなかった。

そうしなければ、棍棒によって徹底的に叩かれる破目に陥った。居住地も町や村から離れた辺地に置かれた。もっとも、中人と常民も、両班に行き会った場合は、平身低頭の姿勢を

とらねばならなかった」(93)

李朝時代も強固な骨品性は変わることはなく、故に近親婚が続けられ、ここから逃れるため、族譜の売買、捏造が盛んに行われたのだ。

1669年・李朝は近親婚を禁止した

韓国の民法では、第809条第1項において「同姓同本である血族の間では婚姻をすることが出来ない」とし、8親等内の婚姻は禁止されている。

韓国では血族の範囲は広く、それを確認しなければならないと云う。しかし韓国の族譜がデタラメであることを思う時、韓国の若者に憐憫の情が湧くのは筆者一人ではないだろう。この国の族外婚への転換について、三宅勝氏は次のように解説した。

「このように同姓婚禁止が韓国の民法に盛り込まれているのは、中国の西周(B・C1122年)から春秋(BC722年)にいたる時代に起源をもち、儒教のなかで確立された宗法制を受け入れた結果である」(306)

「この宗法制度は統一新羅時代(668〜918年)に朝鮮に伝来したが、高麗時代(918〜1392年)には朝鮮に定着せず、李朝時代(1392〜1910年)になって定着するようになった。すなわち、李氏王朝は、儒教を国教とすることによって、儒教思想と密接に結び付く宗法制度も、支配階級を中心にして定着していったのである」（306）

その結果、それまで韓民族では当然とされてきた近親婚、近親相姦は
①禽獣（きんじゅう）の習慣　②道徳に悖（もと）る行為
と見做されるようになり、族外婚が意識され始めたが、韓国人の禽獣状態、即ち、近親婚・近親相姦は続いていた。

それ故１６６９年、朱子学の原理主義者・宋時烈の建議により同姓同本の婚姻を禁止した。これを以て新羅第４代脱解王以来（57年即位）１６００年以上続いてきた近親婚に対し、法制上は終止符が打たれたことになった。だが、長きにわたる近親相姦が一片の命令で止むはずがなく、その余波は今日にまで及んでいる。

神武天皇の時代「兄妹の近親相姦」は一般化していたか？

章を閉じるにあたり、田中英道氏の『高天原は関東にあった』の問題点を指摘させて頂く。他の事柄ならいざ知らず、この本には日本の神々、皇室、日本人に対して、事実誤認に基づく侮蔑が書かれていたからである。

先ず、「イザナギ、イザナミは兄妹の近親相姦であるため、そこからこのような異常児が

生まれるのは十分可能性のあることだが、少なくとも神武天皇までの時代は、これが一般化していたようである」(27)なる一文がある。

『古事記』を読めば分かる通り、イザナギ、イザナミは5番目に現れた男女神である。兄妹とは何処にも書いていない。2人は〝くみどに興して〟初めに水蛭子(ひるこ)や淡島(あわしま)を生んだが、その原因が近親婚にあったのではない。イザナミからイザナギに声をかけたからだ。その後、イザナギからイザナミに声をかけることで国生みができた、と書いてある。従って、「兄妹の近親婚」なるこの記述は誤りである。

次に、『古事記』には神武天皇が日向(ひむか)にいたときは阿多(あた)(鹿児島県西部)の女性と結婚し、大和に移ってからは大神(おおみわ)神社の神の女(むすめ)と云われた女性と結婚した。何れも「兄妹の近親相姦」ではないから、「神武天皇までの時代は、これが(兄妹の近親相姦)一般化していたようである」も誤りである。

噴飯物は「姉弟であるアマテラスとスサノオが結ばれて次世代を生むわけであるから、これも近親結婚である」(27)なる一文である。

これは無知と悪意に基づく天照大神への冒瀆(ぼうとく)である。『記紀』を読めば分かる通り、「アマテラスとスサノオが結ばれて次世代を生む」など何処にも書いていない。2人が結ばれて子を生んだのなら、スサノオとクシナダヒメが夫婦になった時に使われた〝くみどに興こして〟が使われるはずだが、2人は〝誓約(うけい)〟により子を生んだと書いてある。従って、この記述も誤りか偽りである。

皇族には、そして当時の日本人には確固たる原則があった。

『日本書紀』によれば、第19代允恭（いんぎょう）天皇の御代、木梨軽皇子（きなしかるのみこ）と妹が相通じた時、それは〝死に値する行為〟であった。皇子故、「処刑がむつかしいので」妹を伊予に移された、とある。群臣は木梨軽皇子の淫乱（妹との相姦）をそしり、心服しなくなり、允恭天皇崩御の後、木梨軽皇子は自決に追い込まれ、允恭天皇の二男穴穂皇子（あなほのみこ）（安康天皇）が即位されたのだ。

皇族には、男系は守るものの、近親婚で血を濃くすることを「是」とする発想はなかった。近親婚を繰り返してきたのは日本人ではなく、中国人や韓国人の祖先だった。

日本人には元々遺伝子の多様性があり、人々の交流も活発で遠隔地との通婚も行われてきた。身分制度も緩く、古くから獲得した婚姻規範もあったため、皇室から一般庶民に至るまで族外婚なる規範は不要だったのである。

第10章　朝鮮語のルーツは日本語だった

民族と言語には密接な関係がある

民族を特徴づけるものに、歴史、食事、文化、人種、言語などがあるが、最大の要素は言語である。では今の朝鮮語はどの様にしてできたのか。言語学者の崎山理氏は次のように語る。（言語学者は〝朝鮮語〟を用いるのでこの章では〝朝鮮語〟を使う）

「言葉のルーツを探るとき、最も重要なことは、その周辺地域で連鎖的に使われている言葉の系統を調べることです。言葉の系統というのは、人間に喩えれば家族、血がつながっているということですが、その最も大きなグループの単位が語族です。語族の中に更に分家のように語派があって、その下に語群がある。こうした言葉の系統の研究が始まったのは、インド・ヨーロッパ語からで、現代語の英語、ドイツ語、フランス語などの比較からもそれが分かります」（『逆転の日本史　日本人のルーツここまで分かった！』洋泉社Ｐ140）

今から約1800年前、ドイツ人とイギリス人は同じゲルマン族だった。だが各地に移動した彼らは、異民族に接触し、やがて別国民となり、お互い戦争もしてきたが祖先が同じなので彼らの言語はよく似ている。例えば、ドイツの車メーカー「フォルクス　ワーゲン」という社名をカタカナ英語で表せば「フォークス　ワゴン」となる。このように遠い時代であっても、同じ民族なら言葉には類似性が残る。

では「朝鮮語と日本語には類似性があるのか」というテーマを巡って、長年多くの学者が研究してきたが成果はあがらなかった。例えば、新井白石は日本語と朝鮮語の簡単な比較を試みたが、何の関係も見出せないまま研究を断念したという。

その後、日本人は大陸や半島からやって来た、なる俗説を信じた言語学者は、シナ大陸のどこかに日本語と近縁な言語が見つかるのではないかと探したが、遂に発見できなかった。成果をあげられなかったのは、ヒトの移動ルートを誤認していたからだ。

日本語は朝鮮語やシナ語より古い言語である

朝鮮語の前に日本語の成立過程を述べておく。日本語は近隣の言語と系統関係のない〝孤立語〟と言われてきたが、言語学者の松本克己氏はその理由を2つ挙げた。

「二つ以上の異なった系統の言語が、混交して一つの言語になった場合には、本来の系統関係が不明瞭になってしまうということである。もう一つは、一つの言語が独立してから五千～七千年以上経つと、その言語自体の変化が大きすぎて系統関係を不可能にしてしまうということである」（『日本人の起源の謎』日本文芸社Ｐ139）

そして日本語のルーツが分からない理由を次のように見ていた。

①日本語の系統問題が暗礁に乗り上げたまま不明であるのは、日本語の起源が、比較言語学の射程範囲である６千～７千年より前に遡るためである。即ち日本語の起源は遠く縄文時代以前に求められる。

②日本語が、弥生時代の初めに何処かの言語から分かれてできたという可能性はほとんどなく、おそらく日本語の起源は縄文時代以前に遡るであろう。

③日本語が弥生時代の初めに、例えば朝鮮語から分岐して生じたというのは、比較言語の常識からしてあり得ない。

また崎山理氏は、「日本列島は温暖な気候と食料に恵まれていたため、北からの人々（アルタイ語系のツングース語）と南からの人々（オーストロネシア語）とがやってきて緩やかに混合し、何万年もの時間をかけて出来上がった混合語」（『逆転の日本史』）と結論付け、次のように述べた。

①日本語がシナ語や朝鮮語と大きく異なっているのは、日本語の成立が非常に古いことを示している。
②現代の日本語は、遙か縄文時代から現代に至る言語を一貫して継承している。
③縄文時代以降、日本列島において大きな民俗学的、言語的交替はなかった。つまり外部から言語の交替を強いるような支配者集団が渡来したことがなかった。（注：この指摘は、支配者集団が異民族に変わると被支配者の言語交代が強いられることを意味する。中共がチベット、ウイグル、内モンゴルでやってきたことから理解されよう）

日本語は、朝鮮語より何千年も早く成立した言語であり、朝鮮語が日本語に影響を与えた、はあり得ない。話は逆であり、日本語が朝鮮語に強い影響を与えていたのだ。

新羅王族は日本語を話していた

紀元前5000年以降、韓半島で話された言葉は縄文語であることは論を俟たない。そして長らく半島南部でも日本語が話されていた。その北には韓民族が住んでいたが、彼らが日本語と通ずる言葉を話していた状況証拠はいくらでもある。

新羅の初代国王・朴赫居世（かくきょせい）は馬韓からやって来て国を始めた。その彼が倭国からやって来た瓠公（ここう）を重用したのは、二人は話ができたからだ。その瓠公は馬韓王とも直接話ができた。当時、シナ人は倭人と韓人を分けていたが、馬韓と倭人は同じ言葉を話していた、とすればこの話は良く分かる。

辰韓の第2代国王・南解は長女を脱解に嫁がせた。ということは、脱解は南解やその長女、それに他の重臣とも話ができたと解するより他ない。

南解、儒理の次に倭人の脱解は新羅の第4代王になった。それが征服やクーデターではなく、王子や側近の重臣や軍人承認のもと新羅王になった。仮に儒理と脱解が言葉も通じない異邦人同士だったら、王位を譲ることは考えづらい。

その後、脱解は瓠公を大輔に任命した。国王と大輔が倭人なのだから王室では日本語が話されていたと考えられ、脱解が養子に迎えた金閼智やその子孫も同じ言葉を話していたと推定できる。

時代は下り、次のような話が『三国史記４』（列伝第五　昔于老）に載っている。

新羅第10代王・奈解の子である昔于老は２３１年に大将軍になり、海を渡って攻めて来た倭人や近隣諸国との戦いで戦果を挙げた名将だった。

２５３年、癸酉、彼は倭国の使臣葛那古を接待して客館に居る時、客に戯れ、「早晩、そなたの国の王を塩奴（潮汲み人夫）にし、王妃を炊事婦にしよう」と言った。相手が倭人なので于老は倭人の言葉で話したはずだ。葛那古からこの話を聞いた倭王は怒り、将軍于道朱君を遣わして辰韓を討ったとある。

武力で対抗出来ないと判断した于老は、倭軍の陣営に出向いて詫び、釈明した。

「先日の話は戯れに言ったまでのことです。軍をおこしてこのようにまでなるとは、思ってもみませんでした」と。

しかし于道朱君は答えず、于老を捕え、柴を積んでその上に置き、焼き殺して去って行った。この時代の倭国と新羅の力関係はこのようなものだった。

『日本書紀』の記す新羅・百済との会話

大和朝廷と新羅の接触は、神功皇后の新羅出兵から始まる。時は皇后が摂政であった西暦356〜389年の前半である。（『古代日本「謎」の時代を解き明かす』p220）

『日本書紀』には、新羅王が降伏した時の会話が記されているが、通訳は不要だった。新羅と日本の言葉は相通じていたのだ。その後、大和朝廷と百済との交流が始まったが言語的な違いはなかった。

例えば、「神功皇后の条」にある肖古王と日本の武将との馬上会話や千熊長彦に百済王が語った「百済は常に日本の西蕃と称（とな）えて春秋に朝貢しましょう」に通訳は不要だった。以後、百済は大和朝廷の官家となり、百済の王子は人質として日本で暮らすようになった。

応神天皇の御代（390〜410）に次のような話が載っている。

「十六年春二月、この年百済の阿花（あくえ）王が薨（こう）じた。天皇は直支（とき）王（阿花王の長子）を呼んで語っ

て言われた。（中略）東韓の地を賜り遣わされた」（『日本書紀上』p218）

百済の王子は代々日本に住み、天皇とも話をしていたから、百済王室は日本語を話していたに違いない。大和朝廷は半島に領土を持っており、王が死ぬたび、日本に住んでいた王子にその一部を与えて送り出していた。

「二十三年、百済の文斤王（三斤王）がなくなった。（雄略）天皇は日本に住んでいた昆支王の五人の子の中で、二番目の末多王が若いのに聡明なのを見て百済の王とされ、筑紫の兵士五〇〇人を遣わして百済国へ送り届けられた。これが東城王（481〜501）である。処が、武烈天皇の四年（502）、東城王が無道を行い、民を苦しめた。国人はついに王を捨て、嶋王を立てた。これが武寧王である」（310）

武寧王は日本の島で生まれたので斯麻王と呼ばれており、彼の棺は日本でしか取れない〝高野槙〟で作られていた。これらの客観状況は、新羅、百済の共通語は同時代の日本語だった、となる。

韓国海外公報館「8世紀末まで日韓の言葉は通じていた！」

上記の判断は単に筆者の推論ではなく、「韓国の公式見解」でもあった。例えば、大韓民国海外公報館は『韓国のすべて』（大韓民国海外公報館編　ハンリム出版社1994年）の「まえがき」で世界に向けて次のように発信していた。

「今でこそ韓国と日本は、言葉と文字、風俗習慣をはじめ主権を異にする個別の国家として緊密な交流・協力に努めていますが、わずか1200年前までにしても韓半島の住民と日本列島の住民とは、パスポートやビザなしに自由に行き来していたうえ、通訳なしにもなに不自由なく意思を通じ合えたのです」

韓国人の祖先は、倭人と相通じる言葉を話していた、と韓国が認めていた。その年代は西暦800年頃（1994－1200＝794）までであり、その後、通じなくなったと云う。すると二つの疑問が生ずる。

一、両国で使われていた言葉はどのようなものだったのか。

二、なぜ通じなくなったのか。

800年頃まで日本で使われていた言葉は奈良時代（710～784年）の言葉、上代日本語である。これがどのような言葉であったかは『万葉集』や『古事記』などから容易に知ることができる。

では、その頃の新羅や百済ではどのような言葉を使っていたのか。答えは簡単で、彼らの言葉も上代日本語に近かったとなる。そうでなければ大韓民国海外公報館の言うように、両国民は「通訳なしにもなに不自由なく意思を通じ合えた」とはならないからだ。

朝鮮語のルーツは上代日本語だった

では、西暦800年以前の新羅語とはどのようなものだったのか。朝鮮語の専門家・菅野裕臣氏によれば、朝鮮語（韓国語）はいつ出来たのか、どんな言葉だったのか「系統論以前の諸問題」がありすぎて見当が付かないという。

「言語学的素養のない一部の人々の喧伝は多くの大衆をあざむき、新羅文法なるものが存在するかのような、笑うに笑えない錯覚さえ引き起こしている。系統論のなかには、

（一）まじめな研修者によるもの

（二）言語学的素養の欠如した人によるもの（取り上げるに値しないのだが、ジャーナリズムのお蔭で一時的に世間に知れわたるもの）があり……」（崎山理編『日本語の形成』三省堂1990年P329）

朝鮮語学者の趙義成氏もネット上で次のように記していた。
「ひところ日本でも、〈日本語は朝鮮語から分かれ出た〉とか〈万葉集は朝鮮語で読める〉ということを唱える本が一世を風靡（ふうび）したが、ほぼ１００％がこじ付けとデタラメである」

では今後、新羅語を解明する可能性はあるのかというと、新羅が遺した文字文献は余りに乏しく、新羅語の解明は「絶望的だ」と崎山氏は記していた。

「朝鮮語側の、十五世紀という文字（ハングル）資料の新しさによって、明確な答えは未だ与えられていない。朝鮮語の祖とされる新羅語、高句麗語については、後者の地名・数詞を含む八十余語があるのみで音韻法則を確立するにも言語資料があまりに乏しく、また数詞は借用の可能性が強い（清瀬二〇〇六）とされ、将来においてもこの方面に多くを期待することはできないと思われる」（雑誌『日本語学』二〇一〇年十一月ｐ22）

専門家もお手上げなら、手がかりは日本にしかなく、大韓民国海外公報館の説に従えば、「８００年以前の新羅語は上代日本語に近いものだった」、即ち、朝鮮語（韓国語）のルーツは上代日本語にあった、とならざるを得ない。

なぜ「古朝鮮語」は消えたのか

崎山氏は『日本語「形成」論』（三省堂）に於いて次のように記していた。

「朝鮮語史的に見れば、遅くとも日本の奈良時代にあたる時代においてさえ、古代朝鮮語と現代朝鮮語の言語的連続性を明らかにし得ないという点も問題になる」(14)

不思議な話だが、民族として連続しているように見える「韓民族の言語は断絶している」と云う。それは何故か。

新羅が半島を統一した668年の後、言葉をどうするかという問題が起きたのではないか。何故なら、戦いに勝った民族が敗れた民族の言葉を使うことは稀(まれ)だからだ。そこで敗者である日本の言葉・上代日本語を廃し、約150年かけて新羅語を作り、それまで彼らが使っていた言語の痕跡を消し去ったのではないか。

やがて新羅は、高句麗の後継を自認する高麗により滅亡し、高麗の時代になると新羅語は消され、高麗語が使われるようになる。

「モンゴルの連合軍であった豆満江流域の東真国人四〇人に高麗語を習わせ、高麗侵略への準備に着手した」（『韓国の歴史』p83）

その後、1229年に高麗はモンゴルの侵略を受ける。

この戦いは異民族戦争であり、抵抗するものは殺され、敗色濃厚となった高麗王族は王朝の存続を意図してモンゴル軍に寝返り、モンゴル軍と共に抵抗する自国民と戦い続け、済州島で最後の抵抗を試みた人々を皆殺しにすることで45年間（1229～1273）に及ぶ民族同士の殺戮（さつりく）劇は終わりを告げた。

その後、高麗は元の属国となり、第26代忠宣王（1308～1318）以降の王族は、代々モンゴルの宮廷で育てられたから、高麗語にモンゴル語が流入することは否めない。

やがて明が台頭し、元に組した高麗王は李成桂に討伐軍を与えたものの、彼は主君を裏切り、その軍を使って高麗を滅ぼしてしまう。復讐を恐れた李朝は、高麗王族の王氏姓の者は見つけ次第殺害したため、韓国・朝鮮人に王氏姓はほぼいなくなった。

この血生臭い歴史と言語とは密接な関係がある。崎山氏も指摘した通り、政治体制が激変した時、前権力の影響を消し去る政治的な力が言語にも加わるからだ。

日本に遅れること600年・自らの文字を得た韓民族

高麗語は、鎌倉時代末期まで400年以上使われていた言葉だが、今ではそれすら分からないと云う。日本人には考えられないことだ。

今、韓国人が使っている言葉の原型は、李朝第4代世宗により1443年に創られ、

1446年に公表された「訓民正音」である。これは仮名のような表音文字であるが、世宗の意図は当初から反発を受けていた。事大主義者は「独自の文字を持つことは明の反発を招くのではないか」と恐れた。

例えば1444年、世宗が設立した集賢殿副提学の崔萬理は次のように上疏したという。

「モンゴル、西夏、女真、日本、チベットのみが文字を持つが、これらはみな夷狄（いてき）のなすことである。漢字こそ唯一の文字であり、民族固有の文字などあり得ない」

これに対し世宗は「これはシナに対する反逆ではない、漢字の素養がないものに発音を教えるに過ぎない」と反論し、「訓民正音」を頒布した。この方針が国民に歓迎されると思いきや、実態は次のようであった。

「ハングルは李朝が滅びるまで諺文（おんもん）と呼ばれて、女や子供のための文字として蔑まれていた。エリートである両班たちは慕華思想に凝り固まっていたので、漢字しか使わなかった」(116)

「その後、李朝を通じて、国字としての正当な地位が与えられることがなかった。これは日本がカナを公文書にも用いたのと、対照的であった」（『韓国堕落の2000年史』p117）

第10代の燕山君（1494〜1506）の時代になると、諺文を使った批判の貼紙が各地で発見されるようになった。それを契機に諺文の使用禁止、書物の焚書、諺文を使った者の処刑など、徹底的な弾圧が開始された。中宗（1506〜1544）が即位すると、正音庁を閉鎖し、公式な場での「訓民正音」の使用を禁じた。こうして諺文は、無学な者や女子供を中心に細々と使われる文字へと転落した。

今の韓国には「ハングルは世宗大王が、わが民族のために創製なされたもので、人類が作った最も優れた文字であることがつとに公認されている」という人もいると聞くが、歴史を紐解けばこの文字は韓国人の祖先から、「諺文」「へんな文字」「夷狄の文字」「女文字」「牝文字」として蔑まれてきたのだった。

韓国人にハングルを教えたのは日本だった！

日韓併合の後、生みの親から見捨てられ、蔑まれた〝諺文〟を日本は拾い上げ、育て、日本統治時代に韓国・朝鮮人が使う〝ハングル〟へと成長させた。

「ハングルが全国民に教えられるようになったのは、日帝時代になってからのことである。韓日併合の翌年の一九一一（明治四十四）年から、総督府によって朝鮮教育令が施行され、初、中、高等学校で朝鮮人、日本人の生徒の区別なく、ハングルを必修科目とすることに決めら

れた」(118)

李朝には書堂と呼ばれる教育施設はあったが、そこでは漢文、詩文、書道教育が行われたが諺文は教えられなかった。その頃の韓国の識字率は7%と云われ、殆どの女性は文盲だった。対する日本の識字率90%を超え、世界の最高水準にあった。

日韓併合後、日本は韓国人の識字率向上のため、先ず一村一校を目指した。日本は、韓国人(台湾人も)も日本人と同じように扱った。〝併合〟なのだから当然の成り行きだった。

その結果、併合前に6年の教育を受けた韓国人は2・5%に過ぎなかったが、1930年生まれの78%が小学校以上の教育を受けるまでになった。

その後も日本は韓国人の教育水準を高めようと、1910年~1945年までの統治期間に膨大な資金と人員を投入し、小、中、高校、各種学校から帝国大学まで作り、彼らに教育の機会を与えた。奴隷制度がなかった日本には、植民地と云う概念がなく、日本人は韓国や台湾を平等に扱うしか方法を知らなかったのである。

日韓併合で韓国人も日本人になった故、国語は日本語となった。そして昭和10年代に入ると皇民化教育が強められ、次第にハングルは教えられなくなったが、日本は燕山君や中宗と異なり、使用を禁止しなかったためハングルは使われ続け、今日に及んでいる。

和製漢語と漢字・ハングル併用の時代

日本は「江戸時代に鎖国した」といっても門戸は開いており、出島や平戸で主にオランダを通じて西洋の知識を取り入れていた。そして列強がアジアを侵略し、植民地支配を強めていた時代、西洋の言葉を漢語に翻訳して学んでいた。処が李朝は西洋の知識はゼロに等しく、彼らはシナ文献にある漢語しか知らなかった。この西洋文明から隔絶したカラッポな韓国人の頭に日本が新しい漢語を与えた。

シナ人も西洋文明に触れたものの、横文字を漢字で表すことができなかった。漢字は元々シナ人が作ったものだが、やがて彼らは日本が訳語を創って使っていることを知り、これらを借用して西洋文明を学び始めた。人民、共和国、共産主義、機械、物理、化学、生物、経済、権利、義務、哲学、新聞、挙げればきりがない。

日韓併合時代、韓国人は日本人が創った漢語で35年間も学んだのだから、その漢語が定着して行ったのは当然の成り行きだった。

朝鮮語も、漢字と日本のカナに相当するハングルの併用にすれば合理的で自由な表現ができることは誰にでも分かる。

このことに気付いた福沢諭吉は、私費でハングル活字を作らせ、李朝の漢字一辺倒を打破して「漢字ハングル併用文」を推奨し、井上角五郎に託して実行に移した。その経緯(いきさつ)は拙著『謀略の戦争史』(56)を参照願いたい。

やがて「漢字ハングル併用文」は定着し、普及していった。その結果、韓国で使われる漢字熟語の7～8割は和製漢語となり、朝鮮語は言語学上の変容を起こすに至った。

「日本語由来」を隠すため漢字を全廃

日本の敗戦後、彼らは日韓併合時代の言語的継続を拒否し、新たな道を歩み始めた。新羅、高麗、李朝と政権が変わるたびに起きてきたことが繰り返された、と筆者は見ている。

豊田有恒氏は次のように記していた（『韓国が漢字を復活できない理由』祥伝社新書）。

「独立後、北朝鮮も韓国も、日本色を払拭することを政策の優先事項とした。日本の影響を受けた、あるいは日本のお世話になったような事柄を隠蔽する、いわゆる〈日本隠し〉が、あらゆる分野で行われてきた。言語政策も、その一環である」（5）

韓国人は、「民族的独自性を表す」と称し、日韓併合時代に使ってきた漢字を全廃しようとしたが、和製漢語を排除すると社会が成り立たなくなる。そこで日本起源の漢字をハングル表記し、ハングル発音することにした。

例えば、計算（キェサン）、機械（キギェ）、王妃（ワングビ）、公園（コングウオン）、想像（サングサング）、農村（ノングチョン）、愛人（エーイン）、平和（ピョングファ）といった具合である。意味も日本語と同じであり、発音もどこか似ていないか。

戦後の韓国人は、如何に不便であっても、自分たちが使っている大部分の漢語は、日本人が作ったものであることを内外に知らせまいとしたのだ。

なぜ「漢字・ハングル併用文」に戻れないのか

韓国は漢字を排除したが、この変更には大きな不便を伴った。漢字がなければ〝同音異語〟が見分けられないからだ。

例えば、先に挙げた「想像」は漢字で書けば誰でも意味は分かるが、ハングル読みでは何れも「サング」と発音されるので、「サングサング」と読み、書くしかない。

「宴、煙、鉛、延、沿、演」は日本語では何れも音読みでは「えん」だが、漢字を伴うので意味が分かる。漢字がなくとも「うたげ、けむり、なまり」などと訓読みすれば意味が分かる。しかし朝鮮語には原則として訓読みは無く、すべて「ヨン」であり、意味は文脈から判断するしかない。

朴正熙大統領（1968～1972）の時代、彼は日本軍の将校だったことから親日と見られることを懸念し、漢字を全廃したが、この時、街からは一切の漢字表記が消え、法令によって例外は漢字国の陳列ケースに限られたという。

崔基鎬氏は「これはカナだけで日本語を表記するのと同じで不便きわまりなかった」と述懐していたが、漢字表記を認めると「朝鮮語は日本語をベースに成り立っている」ことが分かってしまうので全廃したという。

また、漢字表記を認めると、朝鮮語の基幹部分が日本語であることが露見し、不思議なことに彼らのアイデンティティは崩壊するという。そこで彼らは次なる手を打った。

「日本語式生活用語純化」とは何か

『近現代の中国語、韓国・朝鮮語における日本語の影響』（金光林　新潟産業大学人文学部紀要第17号　2005・8）によると、戦後の韓国は、中共もそうだが、戦前に根付いた漢字を意図的に変えて行った。それは国家指導で行われた日本隠しだった。

「近代に日本の漢字が大量に中国語に移入されたように、近代の韓国・朝鮮語にも日本語から大量の漢字語が移入された」(120)

「韓国の文化体育部編『日本語式生活用語純化集』（1995年）には、韓国文化体育部の言語政策諮問機関である国語審査会の国語文化純化委員会の審議議決を経て七〇二語の語彙を日本式生活用語として指定し、純化対象にした」(123)

〝純化〟とは、戦前から使ってきた和製漢語を〝日本人が創った〟という理由で改造することを意味する。これは国家主導で行われる「日本隠し」だった。

〈見物〉は日本臭いので〈求景〉（クギョン）に変えた。統一教会問題で自民党議員に使われた〈食口〉（シック）とは〈家族〉を意味する。

〈手紙〉は〈便紙〉（ピョンジ）、〈郵便切手〉は〈郵票〉（ウピョ）、〈切符〉は〈車票〉（チャピョ）、〈鮮魚〉は〈生鮮〉（セングソン）といった具合である。

日本の外来語も純化対象になっている。ビールはメクチュ（麦酒）、生ビールはセンメクチュ（生麦酒）、コーヒーはコピー、ファッションはペッションョン。サッカーはチュック（蹴球）、バスケットボールはノング（籠球）、卓球はタック（卓球）、野球はヤーグ。これをハングルで書くのだから分からなくなる。

系統言語学者は「朝鮮語と日本語の文法は似ているが、単語は似ていないので系統関係はない」というが、韓国人はこのような心根で「変えて来た」のだから、似ていなくて当たり前なのだ。

なぜ朝鮮語の〝文法〟は日本語に近いか

朝鮮語の語順は日本語と同じであり、単語を朝鮮語に直せばそれで朝鮮語はでき上がる。漢字・ハングル併用文を使えば、漢字は日本で使われている漢語が殆どであり、平仮名がハングルに代わっただけなので意味は容易に分かる。

日本語　主語＋目的語＋動詞

朝鮮語　主語＋目的語＋動詞
そればかりか朝鮮語には「てにおは」に相当する助詞もある。

は↓ヌンまたはウン、が↓カまたはイ、の↓ネ、を↓ルルまたはウル　という具合だ。

「私　は　日本　人　です」は「ナ　ヌン　イルボン　サラム　イムニダ」

「これは　地図　です」は「イゴスン　チド　イムニダ」

疑問形を表す「〇〇ですか」は「〇〇イムニカ」

否定形を表す「〇〇ではありません」は「〇〇アニムニダ」

また、名詞の単数形や複数形が厳密ではなく、日本語と同じように曖昧である。従って、次のような印象を持つのも、ある意味当然なのだ。


「文法が似ていると一口に言いますが、これは大変なことです。（中略）少しでも韓国語を勉強した人は、誰もが、この似方はただ事ではないと思わざるをえません。私自身、韓国語を覚え始めた時、20年以上外国を渡り歩いてきて、初めて外国語でない言葉を習っているという感じがしました」（岡崎久彦『なぜ日本人は韓国人が嫌いなのか』WAC p126）

新羅時代から言葉のベースは縄文語や上代日本語だったから、単語はシナ語を模倣できても「言語構造＝文法」は変えようがなかったのだ。

朝鮮語が失った〝訓〟読み

日本語は縄文時代から一貫した歴史を持つ言語であり、漢字を受け入れた時に「音」と同時に「訓」読みを漢字に当てはめた。このことを知らない韓国人も多いと聞く。何故なら、朝鮮語には日本語の「訓」に相当するコトバがない。原則として一つの漢字には一つの読み方しかないからだ。

例えば日本語では「山」は日本民族の古くからの訓読みの「ヤマ」と、漢字に由来する音読みの「サン」「ザン」があるが、朝鮮語では音読みの「サン」しか伝わっていない。日本語では「ヤマ登りに行こう」と言いうが朝鮮語では「サン登りに行こう」となる。「待合室はどこですか」は「タイ　ゴウ　シツはどこですか」となる。しかも「タイ　ゴウ　シツ」なる言い方をハングル表記し、漢字を使わないから意味が分からなくなる。それは「待合室」が日本語由来であることを隠すためだと云う。

朝鮮語とは、かつてあったであろう意味を表わす〝訓読み〟を失ってしまった根無し草のような言語なのだ。では、なぜこのようなことが起きたのか。

自分の国名〝朝鮮〟はシナに決めてもらった

百済や高句麗が新羅に滅ぼされた後、多くの人々は唐に亡命せず、新羅にも残らなかったのには訳があった。罪九族に及ぶ彼の地に残れば、自分以外に妻子、祖父母、孫なども殺されるか、投獄されるか、悲惨な運命が待っていたからだ。

それに対し、大和朝廷は、百済の人々は勿論、新羅や唐に追われて日本に亡命した人々を温かく迎え入れた。日本と干戈(かんか)を交えた高句麗の若光王もその一人だった。時代は日本と韓民族で言葉が通じていた800年以前であり、亡命の地で百済や高句麗の人々と日本人との間で言葉が通じなかった、そんな話は聞いたことがない。彼らも同化していったのだ。

新羅は唐の力を借りて日本を追い払ったが、韓民族の悲劇はこの時から始まる。彼らにはシナの属国たる運命が待っていたからだ。その象徴的な出来事が「創氏改名」の強制であり、崔基鎬氏は『韓国　堕落の2000年史』に於いて次のように記す。

「中国の属国になることによって、唐の元号を用いるかたわら、名前や、服装を唐風に改めた。韓人の姓は三国時代まで二字姓だったが、**創氏改名が強いられ、一字姓となった**」(36)

日韓併合後、日本は韓国に戸籍を導入したが、韓国人が勝手に「創氏改名」して日本人に成りすますことを禁止した。だが希望者が多かったため、1939年に半年間に限り認めた。これは新羅以前の2字姓を取り戻すことでもあったが、自国の歴史に無知でシナの属国根性が抜けきらない韓国人は、本来の姓への回帰、「創氏改名」を否定的に捉えているようだ。

再びシナの属国となった李朝はどうなったか。

「李朝は明を天子の国と仰いで、中国文化を直輸入した。〝朝鮮〟という国名も、明に選んでもらったものだ」（49）

日本はシナ文化を取捨選択して取り入れた。だが自分の国名さえ自分で決められなかった李朝は、シナ文化を直輸入し、模倣と迎合に努め、かつて有ったであろう訓読みを排し、シナ語の音読みのみ残して服属の証（あかし）としたのではないか、と筆者は見ている。

歴史に見る戦争と言語の変容

洋の東西を問わず、異民族との戦いに敗れた国が占領された時、その地の言語の継続性が危うくなることを歴史は教えてくれる。この事実に基づき、半島での言語的変遷を追うと次のようになる。

三国時代に半島で使われていた共通語は上代日本語だった。
新羅が半島を統一すると、それまで日本と通じていた言語を排して新羅語を作り、
高麗は新羅を滅ぼすと、新羅語を排して高麗語を作り、
李朝が高麗を滅ぼすと、高麗王一族と高麗語を抹殺、
日韓併合後は「漢字ハングル併用文」を受け入れ、
日本が敗北し、米国の手を経て韓国が独立を果たすと「漢字ハングル併用文」を排し、漢

字を全廃した。

敗戦と国語の大変革は、韓民族に止まらず、日本も遭遇したことを指摘しておきたい。

敗戦の3か月後、読売新聞は社説で漢字の廃止とローマ字採用を主張し、民主主義と文化国家の建設は国語改革から始まると訴えた。翌年、志賀直哉は、日本語は不完全で不便であり、フランス語を国語とすべきだ、と提唱した。

昭和21年3月、GHQの要請により訪日したアメリカ教育使節団は、『教育勅語』や国史、修身、地理の廃止、漢字、カタカナ、平仮名を廃止し、ローマ字一本化への移行、〝歴史的仮名遣ひ〟の廃止などを勧告した。

その背後に、日本人の消滅とポツダム宣言に違背した「検閲」を容易ならしめる目的があった。

これを受け、帝国議会は『教育勅語』の失効を宣言し、文部省は「国語審議会」を開いて〝歴史的仮名遣ひ〟の廃止を決定した。また漢字全廃に向け、手始めに漢字を制限し、後に全廃して表音文字化する基本方針を決めた。

この方針に賛成した者も多く、これが日本の学者、政治家、作家、ジャーナリスト、評論家、マスコミ業者、教育者などの実態だった。彼らはひたすら保身のため、GHQに迎合したが、これはシナの属国たる韓国人の精神状態に酷似していた。

１９４６年11月、文部省は１８５０の〝当用漢字〟と〝新仮名遣い〟を告示した。〝当用〟の意味は、漢字全廃までの間、当面使って良い漢字という意味だ。その後、朝鮮戦争も始まり、日本人が敗戦後遺症から回復するにつれ、漢字廃止論者の影は薄くなった。
その結果、『教育勅語』は廃止され、〝歴史的仮名遣ひ〟は使われなくなったが、辛うじて漢字、平仮名、カタカナは残ったのである。

歴史を通して韓民族の言語を追うと、そのルーツは上代日本語にあり、断絶を繰り返しながら〝諺文〟に至ったが、〝諺文〟を〝ハングル〟として救い出し、韓国人に教え、育てたのは日本だった。これから漢字をどう扱うのか、彼らは岐路に立たされている。

第11章　韓国の女性蔑視と蛮習

新羅時代から女性は献上品だった

李朝時代の韓国人は〝ハングル〟を〝諺文（おんもん）〟、〝女文字〟、〝牝文字（めすもじ）〟と呼んで蔑（さげす）んだが、なぜ〝女〟や〝牝〟なる文字が使われたのか。それは韓国人には常軌を逸した女性蔑視があったからだ。例えば新羅の金真平王が亡くなった時、男子がいなかったために長女・善徳（632〜647）を第27代の国王としたが、この決定を金富軾（きんふしき）は厳しく批判した。

「自然の運行に例をとっていえば、陽は剛直で陰は柔軟ということである。人間の場合でいえば、男は尊くて女は卑しいということである。どうして老婆が閨房（けいぼう）（夫婦の寝室：引用者注）から出て、国家の政治を裁断することが許されてよかろうか。新羅が女子をもちあげてこれを王位につけた。〔これは〕誠に乱世のことであり国が亡びなかったのは幸いである」（『三国史記1』p144）

これが韓国人の常識、「女は男子を産むため、家から一歩も外へ出るな」、「政治に嘴を挟むとは何事か！」である。

日本では、皇室の祖先は天照大神であり、神功皇后は長らく摂政だった。善徳が新羅王であった頃、日本では推古天皇（５９２〜６２８）が第33代天皇として即位したが、金富軾のような批判は現れず、その後、重祚を含めて８人、10代の女性天皇が即位している。日本には古来より男尊女卑の考えはなかったと云えよう。

対する韓民族は、古より女性を物品として扱ってきた。唐に媚を売るためか、統一新羅の前から女性をシナに献上していた、と『三国史記１』は記す。

６３１年、第26代真平王の時代、「秋７月、使者を大唐に派遣し２人の美女を献上した」がそれである。唐の太宗は送り返したとあるが、その後も新羅は女性を献上し続けた。

６６８年、唐皇帝の勅命で「今後、女子を献上することを禁止した」なる一文があるからだ。だが新羅は守らず、第33代金聖徳王の時代、７２３年春３月、王は使者を唐に派遣し美女２人を献じた。禁止されても繰り返し女性を献上していたのは、女性以外にシナへ贈るものがなかったからではないか。『三国志』韓の条は、「馬韓には取り立てて珍しい宝はない」と記しているからだ。日本はどうか。

『魏志』倭人伝を読むと、「男女の生口30人を献上し……」とあるように、邪馬台国も人をシナに献上していた。しかし大和朝廷が邪馬台国を併呑した３世紀末の後、生口献上の記録はない。大和朝廷の建国の理念は「天の下を掩いて一つの家とする」。即ち、八紘一宇だった。爾来、日本では「国民を物品として扱う思想」(奴隷制度)が正当化されることはなかった。

高麗時代も女性は貢物・商品だった

高麗を属国にした元は、勝者の権利として女性の献上を求めた。これは敗戦後、ロシア兵、中国人、韓国・朝鮮人が「勝者の権利」とばかり公然と日本人女性を強姦し、国内では米兵や韓国・朝鮮人も強姦をはたらいたが、半島でも同じようなことが起きていた。

また高麗に進駐したモンゴル軍に対し、彼らが望むものは、女性、物品、食品、何であれ貢ぐしかなかった。

対策として高麗は「結婚都監」なる役所をつくり、自国の女性を管理していたが、それは元や契丹の命令に従って貢ぐ女性を撰ぶと同時に、女性をシナ各地に売ることで対価を得る収入の糧でもあった。韓民族の女性は家畜同前だった。

例えば1273年3月、元と南宋が並び立つ時代、南宋の漢族傭兵(蛮子)の要望に応じ、140名の女子を送り、対価として一人当たり絹12反を得ていたという記録がある。

1275年10月、元に処女を送るため、結婚を禁止し、女性を集めて美しい女性を献上したとある。

1276年、元が500人の女性を献上することを求めたとある。そのため高麗は「寡婦処女推考別監」なる役所をつくり、献上する処女を選び出していた。

最初は賤民や百姓たちの娘が対象だったが、やがて官位を持った家の子女が第一候補となった。また、シナに貢ぐ女性を撰ぶために布告された「結婚禁止令」に背いた高官が罰則を受け、官職を奪われた記録も残っている。例えば、第25代忠烈王（1274～1308）の18年、ある高官が「禁婚令」を破って娘を嫁がせた罪で流罪になった。

そこで人々は国の処女狩りに対処するため、娘が生まれると隠し、密かに育て、7～8歳で結婚させ、処女でないとの理由で献女の対象から逃れようとする蛮習も広がった。

或いは、シナの「女性選定官」の指名を逃れるため、娘の顔に劇薬を塗って醜くしたり、身体障碍者を装ったり、様々な悲しいことが行われてきた。

それでもシナから役人がやって来て、若くて美しい女性を連行することを阻止出来ず、半島から女性が一人、また一人と消えていった。こうして容姿すぐれた女性が消えていくと同時に、女性そのものが少なくなって行った。

李朝では「女性は男子を産む道具」だった

次の李朝では、女性の人権は更に低下し、朱子学では女性に禁じられた7つの悪行が定められた。
一、夫の父母に従わない

二、男子を産まなければ嫁の資格を失う
三、夫以外の男性と話したり眺めたりは禁忌
四、夫が妾をもっても嫉妬してはいけない
五、重い病気に罹ったら追放
六、口論や他人の悪口は厳禁
七、婚家から盗みを行うと離縁

そして男子を産んだ韓民族の女性は、その証に胸から乳房を出して街中を歩くことができた。それがこの国の文化であり、女性の誇りでもあった。

そして李朝の「男子を産めなければ……」が巷間で囁(ささや)かれる〝試し腹〟なる悪弊を生む土壌となった。それは娘を嫁に出す前に、娘に妊娠能力があることを実証するため、近親者が交わり、妊娠させることが行われていた、なる話しだ。そして女が生まれたら、その子供は奴婢になったと云うから、1760年代に賤民比率が40%を超えていた一因だった、なる推測も可能となる。(127頁　図9－1)

日本では、女子しか生まれなければ婿をとればよく、子が生まれなければ養子を迎えることもできた。李朝での女性の実態を崔基鎬氏は次のように記す。

「李朝時代の両班の家に女として生まれたら、人権はまったくなきに等しかった。女性は男

性に奉仕する奴隷として扱われた。男子は9歳ごろになると新郎になったが、女子は16歳から19歳のあいだに嫁いだ。その後は婚家から外に出ることすら許されなかった。このように夫と妻の年齢差が大きかったのは、妻にできるだけ多くの子を産ませるためだった。女は家系を継ぐ男児を産むことが、何より大きな役割だった」（『韓国堕落の２０００年史』p102）

この社会では、いったん嫁ぐと夫以外の男性との会話は勿論、見ることも厳禁だった。病気になっても医者から脈を診てもらうこともできなかった。夫以外の男の肌が触れるから、がその理由だ。嫁は幽閉状態で「子を産む道具」として生かされていた。そして、子が産めなくなる50代になって外出が許された。

また結婚後、子を産めない場合、子を産むために〝シバジ〟と呼ばれる妾（賤民）を雇って同じ屋根の下に住まわせた。男が産まれれば世継ぎになり得たが、女が産まれればシバジの村に戻され、賤民となった。耐えきれずに正妻が離婚した場合、再婚は許されなかった。夫が死罪になれば、子供と共に処刑されたと云う。

だが、このような女性蔑視と蛮習は、日本統治によって終焉を向かえることになる。

韓国人をシナの頸木から救った日本

筆者がソウルで仕事をした時、有名な史跡「大清皇帝功徳碑」を見たことがある。この碑は、清の太宗が李朝の降伏を認め、自らの功徳を記述させたものだ。

1637年1月、李朝の仁祖は今まで蔑んでいた北方蛮族の〝胡服〟を身に纏い、清の太祖に9回地面に頭をつける三跪九叩頭の礼を行った上で、以下の条約を結ばされた。（写真11‐1）

一　明ではなく清に対し、臣下の礼を尽くすこと。
二　明の元号を廃し、明から与えられた朝鮮王の印璽を清に引き渡すこと。
三　朝鮮王の長男と次男、大臣の子女を人質として差し出すこと。
四　清が明を征伐するとき、遅延なく援軍を派遣すること。
五　清の諸臣と婚姻を結び、誼を固くすること。
六　城郭の増築や修理は、事前に清の許諾を受けること。
七　清に黄金100両、白銀1000両と二十余種の物品を毎年上納すること。
八　清皇帝の誕生日、正月一日、冬至と慶弔の使臣は明との旧例に従い送ること。
十　清が鴨緑江の河口にある島を攻撃するとき、兵船50隻をおくること。

他に、清からの逃亡者を匿ってはいけない、日本との交易を許す、などがあり、この条約により李朝は清の属国となった。そして国王は清の使者が来るたびに迎恩門に出向き、三跪九叩頭の礼をして出迎えた。（写真11‐2）

その後、李朝は250年以上、上記の金品に加え、美女と宦官を貢ぎ続けたが、自力で悲惨な運命から逃れることができなかった。その彼らに幸運がもたらされた。

１８９４年、半島を巡って日清戦争が勃発した。戦いは大方の予想に反して日本が勝利す

写真 11-1　ホンタイジに土下座する仁祖（銅版）

写真 11-2　李朝の国王が清国の使者を迎える迎恩門
（ウィキペディアより）

写真 11-3　新築された独立門と壊された迎恩門
（ウィキペディアより）

ることで終結し、翌年結ばれた下関条約に日本が次なる一文を加えたからだ。

「清国は朝鮮国の完全無欠なる独立自主の国たるを確認す。因って右独立自主を毀損（きそん）すべき朝鮮国より清国に対する貢献典礼等は将来全くこれを廃止すべし」（『謀略の戦争史』P71）

　こうして韓国（朝鮮）人はシナの頸木から解放され、以後、清に人質、金品、処女、宦官を送る必要はなくなった。その後、彼らは迎恩門を壊し、独立門を築造した（写真11-3）。

　その経緯は拙著『謀略の戦争史』に譲り、歴史の終着点にある韓国人は、何処へ向かっているのだろうか。

第三部　消滅に向かう韓国・復活への道

第12章　朴正煕の悔悟

福沢諭吉のシナ・韓国への三行半

福沢は、日韓併合前から韓国の独立に心血を注いできた。その福沢はなぜ韓国とシナに三行半を突き付けたのか。

李朝末期、開化党は日本の力を借りて清からの独立を企図し、清と手を組む事大党を追い払うべくクーデターを起こした。だが、清の軍事介入により押しつぶされた。この時、ソウル在住の日本人婦女子が弁髪のシナ兵に襲われ、公使館に逃げ込めなかった約30名は凌辱されたうえ惨殺された。

シナ人や中国人に占領されると社会秩序は崩壊し、略奪、強姦は当たり前、抵抗する者は殺害されてきたが、この時も日本人女性が犠牲になった。

その後、開化党は捕らえられ処刑されたが、刑罰は「三族を滅す」だったから、彼らの父母、兄弟、妻子、同居親族から孫に至るまで、関係者は全て惨殺された。この蛮行に我慢ならなかった福沢は『時事新報』に次なる論説を載せた。

「この世の地獄がソウルに出現した。私は朝鮮及び朝鮮民族をして野蛮と評価するだけでは済まず、妖魔悪鬼、即ち朝鮮民族に接するものを滅ぼし、禍（わざわい）を与える怖（おそ）ろしい鬼の跋扈（ばっこ）する地獄といわざるを得ない。この地獄国の当局者は誰かと尋ねるに、それは事大党の官吏とシナ人である。私は遠く離れた隣国にあり、朝鮮やシナに縁無き者だが、その内情を聞いてただ悲哀に堪えない。この原稿を書きながらも涙が止まらないのだ」（『謀略の戦争史』P57）

3月16日、福沢は同紙上に〝脱亜論〟を発表した。

「このようなアジアの悪友、清国、朝鮮とは隣国という理由で特別視するのではなく、欧米と同じように付き合い、日本は独自の近代化を進めることが望ましい。福沢個人としては、・・・・・・・・・・・・・・・シナ、朝鮮という悪友とは関係を謝絶するものなり」（57）

中共や韓国に何らかの関係を持つ日本人は、福沢が喝破した彼らの本性を知っておく必要がある。

己の「回顧、反省、自己批判」から始まる

元韓国大統領、朴正熙（ぼくせいき）は貧農出身だった。だが日韓併合時代に満洲国軍官学校、日本の陸

軍士官学校で学び、正しい歴史観を持つに至った。

彼は反対を押切り、一九六五年に日韓条約を締結しベトナム戦争にも参戦、日本と米国から莫大な経済援助を引きだして極貧の韓国を救うきっかけを作った。だが、側近に裏切られ、射殺されて生涯を閉じた。では朴は自国をどのように見ていたのか。

その史観は『朴正熙選集』(朴正熙著　鹿島研究所出版会　全三巻　昭和45年)の第二巻に記されている。見開きに「この書をわが愛する祖国と国民に捧ぐ」とあり、「五千年の歴史は改新されねばならない」なる章に次のようなことが書かれていた。

「『国史大観』の序に次の文がある。

人が高貴な点は文化の創造と進歩にある。文化の創造と進歩は、自己の過去を回顧し反省し、批判しようとするところから生まれるものである。人間の生活には元来、過ちと欠点が多い。しかし、過ちを過ちとして、欠点を欠点と知って、二度とそれを繰り返すことなく自己の現実をより良い状態に改善、向上しようとするところから進歩や発達が生まれる」(238)

「では我々は、我々の歴史を回顧、反省、批判する時、何を感じることになるだろうか。

歴史を整頓し、偉大な新しい歴史を創造するための精神的な新しい土台をつくらなければならないであろう」(238)

彼が韓国人に語りかけた言葉は、歴史を回顧し、〝反省〟と〝自己批判〟を促すものだった。それは当然であり、真実を知らなければ改革改善は不可能だからだ。

それは「退嬰と粗雑と沈滞の歴史」だった

朴は、「五〇〇〇年の輝ける歴史と文化」（金両基『韓国の歴史』Ｐ12）などという子供だましの甘やかしを拒絶した。

「漢の武帝東方侵略の古朝鮮時代から高句麗、新羅、百済の三国時代、そして新羅の統一時代を経て後百済、後高句麗、新羅の後の三国時代、さらに高麗時代から李朝五百年に至る、わが五千年の歴史は、一言でいって退嬰と粗雑と沈滞の歴史であったといえる」（234）

「いつの時代に辺境を越え、他を支配したことがあり、どこに海外の文物を広く求めて民族社会の改革を試みたことがあり、統一天下の威勢で以って民族国家の威勢を外に誇示したことがあり、特有の産業と文化で独自の自主性を発揚したことがあっただろうか。

いつも強大国に押され、盲目的に外来文化に同化したり、原始的な産業の枠からただの一寸も出られなかったし、せいぜい同胞相争のため安らかな日がなかっただけで、姑息、怠惰、隠逸、日和見主義に示される小児病的な封建社会の縮図にすぎなかった。

いまここで、その際立った我々の歴史を落ち着いて解剖してみることにしよう」（234）

韓国人は〝小児病的〟、即ち「言動が幼くて、感情に流され、極端に走りやすい傾向がある」と喝破し、次なる史観を披歴した。

「第一に、我々の歴史は、始めから終わりまで他人に押され、それに寄りかかって生きて来た歴史である（中略）。その後の日清戦争と前後した三国の干渉を最後に日本の単独侵略により、ついに大韓帝国が終幕を告げるまで、この国の歴史は平安な日がなく、外国勢力の弾圧と征服の反復のもとに、かろうじて生活とはいえない生存を延長してきた」（234）

即ち、古くから他民族による植民地支配を受け、「生存だけ」が許されてきたが、日韓併合によって「平安な日々」に変わったとした。同時にその前史を嘆いた。

「嘆かわしいことは、この長い歴史の中でただの一度も形成を逆転させ、外へ進み出て国家の実力を示したことがない、ということである。そして、何時もこのような侵略は半島の地域的な運命とか、我々の力不足のために起こったのではなく、ほとんどは我々が招き入れたようなものとなっている。

また、外圧に対して我々が一致して抵抗したことがなかったわけではないが、多くの場合、敵と内通したり浮動したりする連中が見受けられるのであった」（235）

これが自国に対する彼の歴史観だった。

「悪の倉庫」の如き歴史は燃やして然るべき

その上で韓国人に次のように告げていた。

「以上のように、我が民族史を考察してみると情けないというほかない。勿論、ある一時代には世相大王、李忠武公のような万古の聖君、聖雄もいたけれども、全体的に顧みるとただ唖然とするだけで、真っ暗になるばかりである。我々が真に一大民族の中興を期するなら、先ずどんなことがあっても、この歴史を全体的に改新しなければならない。

このあらゆる悪の倉庫のようなわが歴史はむしろ燃やして然るべきである」(238)

なぜ、韓国の歴史は「悪の倉庫」のようになったのか。崔基鎬氏はその原因を、「宗主国と仰いだシナを徹底的に模倣してきたからだ」と断言し、「韓国が真似しなかった中国の悪習は、纏足(てんそく)と食人だけ」(『韓国　堕落の2000年史』)と嘆いた。

「中国には長い間にわたって救いがたい食人の習慣があった(中略)。『三国志』のなかにも、英雄である劉備玄徳が、一夜、人肉の料理を振る舞われ楽しむ場面がある。魯迅(ろじん)がいうように、中国の古典や教典に出てくる美しい言葉は、そのようなおぞましい行いを隠す役割を果たしてきた。今の中華人民共和国も、唐や元、明や清を型紙としてつくられている」(97)

孔子を始祖とする儒教は「身体髪膚(はっぷ)これを父母より受く　敢て毀傷(きしょう)せざるは孝の始めなり」と教えつつ宦官を続けた。孔子は人肉を食べつつ人の道を説いたが、シナ人や中国人の〝食人〟という蛮習は20世紀中頃まで続いた。

実は韓国もその影響を受け、元の先兵として壱岐を襲った高麗兵は殺害した日本人の肝を食べ、血をすすったと云う。また、『朝鮮王朝実録』には、親孝行息子が自分の尻や太ももの一部を切り取り食べさせた話などが載っている。この蛮習は長らく続き、鎖国をしていた韓国は1866年、通商を求めた米国のシャーマン号を襲い、乗組員を惨殺した上で体の一部を取り出し、薬用としたと云う(『謀略の戦争史』p48)。

では朴の死後、なぜ韓国人に反省と自己批判が根付かなかったのか。それは、歴史の真実を知らず、悔悟、反省、自己批判をしてこなかったからである。変わることなき彼らの本性はベトナム戦争を通して知ることができる。

韓国の暗黒史・ベトナムでの戦争犯罪

朴正熙は、1964年から73年にかけて述べ32万人をベトナム戦争に派兵した。これは米韓同盟の強化と戦争特需による経済建設を狙った韓国の要請だったという。

「韓国軍は米軍支援が目的だったため、米国の要請によると思われているがそうではない。実は韓国側の強い要請によるもので最初は断られている」（黒田勝弘『サピオ』２０１４・８ｐ23）

そこで韓国が犯した過ち、それが韓国軍による戦争犯罪である。現地を取材した北岡俊明氏と北岡正敏氏は次のように断言する。

「ベトナム戦争におけるアメリカ軍の虐殺事件は、ソンミ事件の一件のみである。しかし、韓国軍はベトナムの百ヶ所で、人数にすると一万人から三万人の大量虐殺事件を起こしている。ベトナム戦争中の残虐行為の真犯人はアメリカではなく韓国である」（『韓国の大量虐殺事件を告発する』展転社ｐ４）

例えば、韓国軍はロンビン村で村民の大虐殺を行った。彼らが去った後、村民は三つの慰霊碑を建て、犠牲者の名を刻んで冥福を祈った。

一、韓国軍が爆弾の穴に女性、老人、子供計36人を追い込んで皆殺しにした慰霊碑

二、韓国軍に虐殺された４２２人の慰霊碑

写真 12-1　韓国兵に殺されたわが子を抱いた母親の怒りの彫刻
（『韓国の大量虐殺事件を告発する』P167 より）

三、イギリス人が建立した民間人犠牲者430人の慰霊碑（写真12－1）

取材した北岡俊明氏と北岡正敏氏は次のように記す。

「内容が衝撃的である。犠牲者は、女性、子供、老人ばかりである。この残虐性が、韓国軍の当たり前の姿とはいえ、あまりの残虐ぶりに、あらためて、韓国朝鮮民族の性質について、考え込んだ。（中略）虫けらのごとく人を殺す。もとより人間ではない」（164）

福沢諭吉の言を思い出すが、なぜ、韓国軍は何万人もの非戦闘員を殺害したのか。元解放軍兵士だったクックさんは「18人の解放軍兵士で300人の韓国軍を相手に戦い、100人を殺した。彼らは実戦の戦闘体験がないから弱かった」（171）と語った。弱兵故、韓国軍の矛先は非戦闘員に向かった、ということだ。

それればかりか韓国兵はいたる所で強姦を働いた。その証拠にベトナム人女性に産ませた混血児・ライダイハン（ベトナム語でライは混血、ダイハンは韓国の蔑称）の数は最大3万人に上ると推計されている。

因みに、中共は「日本軍は南京で30万人の大虐殺を行い、強姦を働いた」と喧伝するがウソである。日本軍は無血開城を勧告したが蒋介石が拒否した故、戦いは始まり、南京を陥落させたが、その前後で市民の数は変わらず約20万人だった。一か月後には25万人に増えていた。即ち、南京市民の虐殺など無かった。南京陥落の1年後、多くの混血児が生まれたなる話しもない。強姦もなかったということだ。（『新　文系ウソ社会の研究』p149）

では、なぜ韓国軍は多くの女性を強姦し混血児を残してきたのか。そこにはシナの属国として長い間女性を貢ぎ続けてきた哀しい歴史の反動とシナから移入した儒教の教義、女性の人権無視と蔑視が韓国軍人を支配していたからだ。

筆者は、かつて川喜田次郎教授が文化人類学の講義で「社会が豊かになると人口増加は止まる」と語っていたことを覚えている。これに女性蔑視が加わると、重大な社会問題を惹起し、国家や民族を消滅に導く威力を持つことになるが、そのメカニズムを実例を通して解き明かしたい。

第13章　女性蔑視と反日カルト統一教会の蛮行

中共・女性を首輪拘束し強制出産

先ず女性蔑視の本家本元、中共の事例を紹介する。この国は１９７９年から２０１４年頃まで一人っ子政策を強行してきた。それ故、中国人夫婦が妊娠した場合、彼らは胎児が女なら堕胎し、男なら産むと云う〝選択出産〟を行ってきた。その深層心理に〝女性蔑視〟があり、これが様々な問題の源になっている。

「中国の農村部で、男性の結婚難が深刻化している。人口抑制のため40年近く続いた一人っ子政策の副作用もあり、男性が女性より３５００万人も多いという人口の不均衡が生じているためだ。農村の男性との結婚を望まない女性も多く、政府も打つ手がない。男性余りの解消はまったく見通せない」（２０２１・10・27　読売新聞オンライン）

そこで中共は武力併合したチベットやウイグル人男性を大量に虐殺し、奴隷拘束も行い、死ぬまで酷使し、余った女性と漢族男性との結婚を強要してきた。他に、東南アジアの女性を〝出稼ぎ〟と称して入国させて農村男性と結婚させたりもした。女性の誘拐、人身売買も行われてきたが、極めつけは〝女性の家畜化〟だ。

2022年2月、「江蘇省徐州市の農村で首に犬用の首輪を着け、鎖で繋がれた女性が発見された」なるニュースが世界を駆け巡った。彼女は村の小屋に閉じ込められ、歯は抜かれ、8人の子供を産まされてきた。このことは村民や共産党当局周知の事実だった。これは女性の家畜化、女性蔑視の極致である。他に怪しい事例もある。

2021年、東京オリンピックの高飛び込みで優勝した全洪嬋(ぜんこうせん)は5人兄弟だった。一人っ子政策の最中、なぜ5人兄弟が可能だったのか？

昔からシナ人は〝纏足(てんそく)〟を〝美しい〟としたが、実は女性の逃亡を防ぐための蛮習だった。かつては纏足、今は犬の首輪と鎖、共産党の強権と女性蔑視が化学反応を起こすと想像を絶する結果を生じる。

中国人女性は気を付けた方が良い。可能なら国を離れた方が良い。ある日、地方政府にノルマが課され、子供を産ませるため、女性は〝人間牧場〟に閉じ込められ、首輪と鎖で子供を産む〝人家畜(ひとかちく)〟にさせられるかも知れないからだ。

なぜ韓国も女性が少ないのか

韓国でも女性が少ないという。その理由を春木育美氏は次のように解説する。

「1995〜2000年にかけて、女児100人に対し男児が平均114人（第三子では180人）と、男女の性比がかなりアンバランスな出産が続いたことだ。息子欲しさに、妊娠した胎児が女児だとわかると中絶するケースが多かったからである。

この影響で彼らが30歳を迎える2020年代後半から、同世代では男性の方が女性より20％程多くなる。こうした極端な性比の偏りは、婚姻件数および出生児数に大きな影響を及ぼす恐れがある」（春木育美『韓国社会の現在』中公新書p18）

では、なぜ韓国人（中国人もそうだが）は男の子を欲しがるのか。

日本では夫婦別姓を望む意見もあるが、韓国、中共、台湾では結婚しても夫婦同姓になれず、必ず別姓のままとなる。そして生まれた子は必ず男性の姓を受け継ぐ。家は代々男性によって受け継がれ、妻はその家の一員になれない。分かり易く言えば、妻とは、夫の家を存続させるため、子を産む道具に過ぎないのだ。

すると男子が産まれなければ〝お家断絶〟となる。お家断絶は儒教的価値観では最大の親不幸、先祖不孝と考えられてきたから、どうしても男児が欲しい、となる。高等教育を与えるため大家族は考えられず、韓国などでは男の子が増えてしまうのだ。

やがて彼らが成人になる頃、女性が少ないのだから、結婚できない男性は増える一方となる。せっかく男の子を産み育てたのに、お家断絶の恐れが現実となる。放置すると性犯罪も増えていく。そこで韓国は、国策として海外に女性を求めて様々な手段を講じてきた。だが、女性蔑視のこの国では多くの悲劇が起きている。

外国人花嫁の増加と悲劇

1980年以降、この国では女性の自立と減少により、農村へ嫁ぐ女性が激減した。そこで外国人女性を農村へ送り込む政策がとられてきた。対象は〝貧しい国〟の〝貧しい女性〟であるが、約40％が5年以内に破局を迎えるという。

最大の原因は「和解し難い不一致」、具体的には夫の暴力であり、殺される女性も後を絶たない。現状を東亞日報の社説（2010・7・12）は次のように論じた（抜粋）。

「農民や都市貧困層による国際結婚が急増しているのが現状だが、我が社会は多文化家庭を受け入れる準備が整っておらず、**いたる所で破裂音が聞こえる**」

「夢を抱いて韓国人と結婚し、**夫や夫の実家の人々から人間以下の待遇を受けたり**、人権侵害のために離婚し、ひどい場合は**命までなくすケースも少なくない**」

「今月1日に韓国に来たTさんは、1週間後の8日、夕ご飯を食べる途中、チャン容疑者に無差別な暴行を受け、凶器で刺され、死亡した」

「07年に韓国に嫁に来た10代のベトナム人花嫁は、40代の夫から肋骨が18本も折れるほど、暴行を受け、死亡した」、「同年、自宅に監禁されたまま過ごし、夫が出勤した隙を狙って、ベトナム人花嫁がマンションの手すりを通じて外に出ようとしたが、誤って落ちて死亡したこともある」（李朝の〝女性監禁〟を連想させる：引用者注）

花嫁を送り出した各国は、自国女性の悲惨な状況を見て様々な対策を取ってきた。

２００５年、フィリピンは自国女性に、韓国人男性に注意するよう警戒令を出した。

２０１０年、カンボジアは韓国人男性と自国民女性の結婚を禁止した。

２０１１年、ベトナム政府は韓国人との結婚に制限を設けた。

キルギスも韓国人男性との結婚を禁止する方向に動いているという。

貧しい故、親は大金を受け取って結婚させたというから、韓国人男性から見れば子供を産ませる〝シバジ〟の現代版か〝性奴隷〟の購入であり、それが悲劇の源になっている。

なぜ日本は「警戒令」を出さないのか

後述するように、既に６５００人以上の日本人女性が韓国で行方不明になっているのに、自民党政府は日本人女性の人権を無視し、韓国人男性への「警戒令」を出していない。それどころか日本政府、学者、教育者、マスコミ業者は日本人を不幸に導くウソを流して恥じない。事例を挙げよう。

「一」義務教育を通じてウソの拡散と洗脳：古代史は言うに及ばず、近現代史に於いても「創氏改名・強制」のウソ、「従軍慰安婦・強制連行」のウソ、「朝鮮人労働者・強制連行」のウソ、「徴用工賃金・未払い」のウソなどを喧伝し、子供が韓国にいわれなき贖罪感を持つよう仕組んでいる。国が義務教育を通じて〝ウソ〟を若者の頭に注入している愚かさに気付かない国、日本と日本人の未来は危うい。

「二」メディアの虚偽報道：NHKはじめ、朝日新聞、毎日新聞などは上記の歴史問題で反日自虐の虚偽報道を行い、韓国人の反日感情と日本人の贖罪意識を助長してきた。

「三」韓国・朝鮮人犯罪の隠蔽：マスメディアは韓国・朝鮮人が犯した凶悪犯罪を、本名ではなく〝通名〟を使い、犯人は日本人であるかのように報じてきた。結果として日本人の名誉を棄損し、同時に韓国・朝鮮人への警戒感を希釈させている。

「四」仕掛けられた韓流ブーム：韓民族の残忍性と女性蔑視を知らぬまま、韓流ドラマなどで幻想を抱かされ、本当の顔を知らぬままスターに憧れ、韓国に行き、行方不明になる女性もいる。性犯罪が異常に多い韓国の実態を知り、警戒すべきだ。

韓流ドラマが如何にデタラメかは、ネットで「昔の朝鮮」を検索すれば誰でも知ることが

写真13-1　1897年のソウル南大門大通り・門の前は商店
（家はあばら家、人は全員白依・ネットより）

できる。一例を挙げておく（写真13-1）。

韓国での「女性蔑視」に起因する「女性の減少」は日本にも影響を及ぼしており、あらぬ贖罪感で洗脳されたおバカな女性には、次なる〝罠〟が待っている。

反日カルト・統一教会の〝罠〟とは

統一教会は日本人に接近し、洗脳し、頭を狂わせ、先ず金品を搾り取り、最後に日本女性を韓国人男性に貢がせる戦略を実行してきた。これは李朝が清に金品と女性を献上してきた悲劇の現代版であり、悪辣な〝罠〟を解説しておく。

筆者の大学時代から「原理研究会」なる怪しげな団体があった。当時は気付かなかったが、これは統一教会が正体を隠し、日本人を地獄に落とす悪辣な組織だった。そのベースに日本人が義務教育やマスメディアを通して持たされてきた韓国への贖罪意識がある。

それを利用し、歴史に〝無知〟な日本人特有の〝幼稚な正義感〟を梃に、「日本＝加害者・韓国＝被害者」なるウソを注入し、反論できない精神に追い込み、「私は償わなければならない」なる頭に改造することで洗脳が完成する。

その結果、1960年代から70年代にかけ、若者が会社や大学から突然辞めて家族とも連絡を絶つ「親泣かせの原理運動」が起こるようになった。彼らには、強欲な統一教会から献金額が決められ、洗脳された信者はノルマ達成のため、あらゆる手段を用いて金を集め献金してきた。

1980年代以降、信者は先ず自分で壺や印鑑を法外な価格で買い取り、他人にも売りつける霊感商法を行い、その害悪が顕在化した。事例を示そう。

2009年6月20日、和歌山県警は印鑑販売会社「エム・ワン」を摘発、同時に統一教会和歌山教会の家宅捜索を行った。その結果、統一教会と「エム・ワン」が結託して霊感商法を行っていることが判明した。こうして統一教会の常套句「それは信者が勝手にやっていること、販売代金は統一教会に入っていない、収益事業は行っていない、霊感商法はやったことがない」がウソであることが露見した。

ノルマを果たすため、信者は、借金、不動産売却、何でもやって献金してきた。これが、統一教会がサタンである証拠、インカネーションにより人を狂わせ、不幸のどん底に突き落とす洗脳の恐ろしさである。

統一教会の本部は韓国にあり、日本人信者は彼らの指示で働かされ、1999年からの9年間で、4900億円が韓国に送金された。これには日本人信者が韓国に持ち込む献金や合同結婚式で韓国に持ち込む金銭は含まれていない。

統一教会は、今も日本の信者に対し、一世帯あたり183万円のノルマを課しているという。（『週刊文春』3179）

合同結婚式は「日本人女性の拉致」である

1990年代になると合同結婚式が問題視された。その本質は、信者から金銭を搾り尽くした後、日本人女性を韓国に貢ぐ〝シバジ〟〝性奴隷〟や〝貢女〟の現代版であり、桜田淳子などは、おバカな女性をおびき寄せ、釣上げる疑似餌である。

この〝罠〟に掛かる日本人女性が後を絶たないのが不思議なのだが、合同結婚式で韓国人と結婚させられ、後に正気を取り戻し、脱会した女性の証言がユーチューブにあった。これは、彼女らの心理を知る良き教材なので紹介したい。（2022年9月TBS・NEWS・DIG）

ナレータ「なぜ合同結婚式に参加したのか?」

洋子さん「合同結婚式は祝福といわれるんですが、それを受けないと本当の意味で天国に入れないという教えを学んでいくんです」

洋子さん「韓国の相手の人や雰囲気を見たとき、全然タイプでなかったので、えーって正直思いました。本当に得体の知れない人がいて、すごい高齢の方が相手だったとか……」

洋子さん「日本人の結婚費用140万円(韓国人20万円)。それを稼ぐために霊感商法で売りつけ、稼ぎ、献金ノルマと結婚費用を捻出するんです」

ナレータ「彼女たちは脱会したが、信者の彼女らにとって最大の目的は合同結婚式に参加することだった と言いますが?」

洋子さん「日本人は韓国を占領していた時期が歴史的にあったので、信者は、それが日本の最大の罪だと云う教育を入口で頭に入れられているんです。

だから韓国人に嫁ぐと云うのは〝王子様が捨てられた犬を嫁にする〟ような立場で、本当に光栄なんだ、という話をされましたね」

ナレータ「統一教会の創業者の発言集によると、日本は母の国エバ国、韓国は父の国アダム国と呼ばれ、日本は全ての物質を韓国に捧げなければならないとされています」

これが洗脳した日本人女性の「金と体」を韓国に貢がせる手練手管である。その下地が日本の歴史教育と虚偽報道にあることが分かるだろう。従って責任の大半は日本にあり、今の歴史教育が続く限り犠牲者が減ることはないだろう。鈴木エイト氏は実例を示した。

「〈2019年の年末、そして翌20年の年始にかけ、約1200人の大学生信者が渡韓し〝強制徴用被害者〟と〝慰安婦〟への直接謝罪、少女像が設置された旧日本大使館前で日本政府・安倍政権に過去の歴史への謝罪を要求する会見を開いた〉そんなニュースが韓国で報道された」（『自民党の統一教会汚染』小学館ｐ216）

歴史に無知で、洗脳された自覚なき信者が渡韓し、謝罪して回ったという。以前、世羅高校の生徒が韓国へ謝罪旅行させられ、公衆の前で土下座・謝罪させられていたが（『新　文系ウソ社会の研究』ｐ255）、今も行われているとは驚き呆れた。

主犯は日本政府による虚偽と自虐の義務教育、ＮＨＫや朝日新聞などの虚偽報道にあるが、信者とは、統一教会というサタンにより虚偽を注入され、インカネートされたサタンの化身であることが分かるだろう。

家畜紛いの合同結婚式は無効！

合同結婚式に参加した日本人女性は、何処の、どんな顔の、どんな背丈の、何歳の、どんな性格の、どんな職業の、何処に行くのか、どんな家に住むのか、年収はどの位か、どんな病気を持っているのか、何も知らぬまま〝交尾〟相手が決められる。交尾〟と云うのは、これは人を家畜扱いする違憲行為であり〝結婚〟ではないからだ。根拠を示そう。

第24条　①　婚姻は、両性の合意のみに基づいて成立し、夫婦が同等の権利を有することを基本として、相互の協力により、維持されなければならない。

以前、一人の男性と2人の女性が統一教会に対し「結婚相手を押し付けられる合同結婚式へ参加させられた。その結婚の無効確認と損害賠償訴訟」を起こした。

2002年8月21日、東京地裁の判決は「信者は文鮮明の選んだ相手を断る自由がなく、結婚の強要は婚姻の自由を阻害するとして920万円の支払いを統一教会に命じた」となった。

当然の判決であり、人間を家畜扱いし、両性の合意を無視した「結婚の強制」は人権侵害以外の何物でもない。護憲論者はもとより、日本政府は、違憲で汚(けが)らわしい合同結婚式を結婚と認めてはならない。

合同結婚式で渡韓した女性の運命

ある日本人女性は、夫と決められた男の顔を見て「私の人生はこれで終わった。全く好みとは違うからだ」という。どのような男性を思い描いていたのか知らぬが、彼女は韓国人の「本当の顔」を知らなかったことは確かだ。韓流ドラマなどを見て誤認し、夫となる男の顔を見て吐き気を催す。

何しろ合同結婚式に集まってくる男は「失業者など韓国内では普通に結婚できないような男ばかり」（『週刊文春』３１７９）なのだ。その男に拘束・監禁され、拒否できないので「ＳＥＸ地獄」に陥る。『週刊ポスト』（２０１０・６・４）は次なる見出しのレポートを載せていた。

【韓国農民にあてがわれた統一教会・合同結婚式日本人妻の「ＳＥＸ地獄」見知らぬ土地での生活、貧困、差別に「故郷に帰りたい……」】。

しかし監禁されているから帰れない。例のユーチューブでの証言からも、これは結婚を僭称した犯罪、日本人女性の拉致であることが分かる。

ナレータ「統一教会は結婚で韓国人を集めていた」

葉子さん「男性の殆どが信者ではなく、結婚したいだけだった」

洋子さん「半分、強姦されるような人たちもいて、それがどうしようもないんだよ、逃げられない……」

合同結婚式の後、日本人女性は男に買われ、その男の性的欲求不満のはけ口、〝性奴隷〟か子供を産む道具、〝シバジ〟にされている。運よく発見でき、取り戻しに行くと「女は買ったんだから俺のものだ。返さない」と拒否される話もある。

その男は「200万ウオンを支払って合同結婚式で結婚した」と云うことは、シバジの伝統のある韓国人男性にとって、統一協会という〝人家畜〟の仲買人を介して日本人女性を買ったのと同じなのだ。

何処へ行くのか分からない日本人女性

北海道大学の櫻井義秀教授（『統一教会 日本宣教の戦略と韓日祝福』北海道大学出版会）も合同結婚式という日本人女性拉致の背景を次のように説明する。

「韓国の農村部は長らく深刻な嫁不足に悩んでいる」

「その対策として送り込まれたのが、合同結婚式に参加した日本人妻だ」

統一教会は結婚できない韓国農民に「信者になれば日本人女性と結婚できますよ」と宣伝してきた。洗脳され、信者となった彼女らは教祖が決めた相手なので、どんな相手であっても拒否できない。韓国に来ているので、日本へは帰れない、逃げられない。

合同結婚式で韓国人と結婚したものの、夫のDVに堪えかねて離婚した冠木（かぶらぎ）氏が、二度目の合同結婚式で出会った二番目の夫も学歴や年齢を偽った日雇いだった。二度目も合同結婚式とは呆れた。洗脳の恐ろしさがここにある。

彼女の住まいは山間の小さな集落で「住居は台所もトイレもないプレハブ小屋」だった。そして「同様の境遇にある日本人妻は少なくないはず」という（『週刊文春』3179）。

例のユーチューブでの証言。

優子さん「結婚して夫と3か月暮らしたが、ソウルから何処に行ったか分からないものすごい田舎で、家はなく牛舎で寝ていた。（洗脳が解けた）今思うとその頃の自分が理解できない」

ナレータ「多くの日本人妻がこのような田舎で暮らしていると思う……」

日本人女性は、何処に連れていかれるのか分からないから当然音信不通となる。どのような境遇なのか、何をさせられているのか、生死すら分からない。

拉致被害者も霞む・女性6500名が行方不明！

大阪公立大学大学院の中西尋子研究員は語る。

「調査は01年から08年にかけて行いましたが、韓国で暮らしている日本人女性は、7千人ほど・と・さ・れ・て・い・ま・す。大半が『韓日祝福』（合同結婚式）で海を渡った日本人花嫁とみられます」（『週刊文春』3179）

今も何人の日本人女性が、韓国の何処にいるのか分からないのだ。彼女らの運命をキリスト教のネット情報 Christian Today（2013・9・15）が明かしていた。

【合同結婚式、6500人の（日本人女性の）行方を捜して！】

日本側は、韓国で統一教会の合同結婚式に参加した後、行方不明になった日本人女性6500人の捜索を韓国教会に要請した。韓国教会側は教団と団体が協力し、問題解決に積極的に対処して行くことに合意した。（以下略）」（図13 - 1）

だが「バカな日本人女が6500匹も罠にかかった」、それを売って大儲けしたのだから（6500人×（140＋20）万円＝104億円）、被害者家族の求めに応じて居場所を教えたり、里帰りを許したりするはずがない。

北朝鮮に渡った拉致被害者同様、里帰りを許せば「獲物」に逃げられるから、協力は口だけで決して実現されない。女性にとって韓国は北朝鮮同様、危険なのだ。

統一教会の計略により、日本人から金品を搾り取り、違憲の合同結婚式により、北朝鮮による日本人拉致など霞んでしまうほど、多くの日本人女性が拉致されてきた。

Christian Today　2013年9月15日（日曜日）

「合同結婚式、６５００人の行方を捜して」被害者家族が訴え

2006年01月23日14時36分

日本基督教団統一原理問題連絡会主催の統一協会問題日韓教会フォーラムで、日本側は、韓国で統一協会の合同結婚式に参加した後、行方不明になった日本人女性６５００人の捜索を韓国教会に要請した。韓国教会側は教団と団体が協力し、問題解決に積極的に対処していくことに合意した。

韓国教会百周年記念館で１８、１９日開催された統一協会問題日韓教会フォーラムで、日本の統一協会被害者家族の会関係者は「合同結婚式のために韓国に出国した日本人女性らと連絡が途絶えた状況」と述べ、韓国教会の積極的な協力を要請した。

１９日参加した日本キリスト教会側と韓国キリスト教会側は、６５００人のための相談窓口を開設し、被害者発見時には、日本の教会へ導くこと、さらに今後も徹底した情報交換によって統一協会の対処法を両国キリスト教界が合同で模索することに意見を合わせた。

図13-1　6500人の日本人女性が行方不明

２００８年時点で７０００人と云うことは、今では７０００人以上の女性が韓国に送り込まれていることは確実で、その数さえ明らかになっていない。

これは統一新羅の後、取り残された日本人女性の運命、満洲崩壊時に半島経由で陸伝いに逃げて来た日本人女性の運命と瓜二つ。拉致され、犯され、妊娠し、泣く泣く朝鮮人妻になった日本人女性が如何に多かったか。

歴史に無知で幸せ過ぎる彼女らは、簡単に騙され、洗脳され、罠に嵌って捕えられ、同じ過ちを何度も繰り返す、愚かで、哀れで、涙なしには語れない。

安倍元首相暗殺事件・天譴か天祐か

この事件は悲劇であったが、連日マス

コミに取り上げられることにより、統一教会と自民党を中心とする政治家との関係を露呈させ、日本国民を覚醒させることになった。その結果、洗脳された多くの被害者や日本人女性が救われる切っ掛けにもなった。

例のユーチューブを見ると、岸、中曽根、安倍氏らと統一教会との関係が良く分かる。

ナレータ「その教団と長く関りを持つ自民党。1982年の合同結婚式には岸信介元総理が祝電を送っている」

ナレータ「更に文鮮明氏が来日した1992年、中曽根康弘は〈あの人（文鮮明）は統一教会、或いは昔の勝共と云うような関係でむしろ共産圏の中に楔を入れていく、そして自由世界の中に光を入れていく、そのような一貫した方針でやられたんではないかと思いますね〉」

ナレータ「なぜ自民党は統一教会と繋がりを持ったのか」と鈴木エイト氏に問う。

鈴木「当時、日本と韓国は反共産主義の同志という関係でしたので、その後ろ盾となったのが岸信介で、当初から繋がりがあった。その繋がりから保守勢力に取り入っていった」

ナレータ「近年では教団側は安倍元首相と関係を深め、複数の議員への選挙支援が明らかになっています」

鈴木「そのため教団の反日的・侮日的側面については目を瞑ってきたのではないか」

最後に、2年間、信者を装い教団に潜入して実態を取材した韓国人女性ジャーナリスト、オ・ミョンオク氏が登場し次のように語る。

オさん「（統一教会は）家庭を破壊する集団だと思います。統一教会は他のカルト宗教を模倣した新興宗教から始まり、次第に事業化し、私はビジネス宗教だと見ている。収益事業が中心で所有している企業は多岐にわたる。宗教を運営する軸がビジネスなのです」（その資金は日本の信者から搾り取ったものだ：引用者注）

では、なぜ保守と思われてきた安倍氏らは〝反日・侮日カルト〟と手を組んだのか。

ナレータ「オさんは日本における政治家と教団の関係をこう語る」

オさん「教団の利益のために家庭と人生を破壊された人たちがいる。こうした被害者が実在していることを放置し、自らの利益と名声のために裏で反社会的集団と関係を持つ。正体を知っていながら手を組み、成功のためには何でもする人たちのせいで、旧統一教会による被害者は消えないと思っています」

即ち、オさんは「安倍元首相らは、自らの利益と名声のために、裏で反社集団と関係を持ち、正体を知りながら手を組み、自分の成功のためには何でもする人たち」と見ていた。

彼らは、当選を願って統一教会に協力を求め、長年にわたり、見返りに彼らの肥大化に力を貸してきた。即ち、安倍氏らは、法外な献金で苦しみ、破綻した家族を救おうとせず、違法な合同結婚式という名で韓国に連れ去られ、行方不明になっている6500人を上回る日本人女性を救うどころか、様々な集会に祝辞を送っていたのだ。

その上でオさんは「これでは旧統一教会による被害者はなくならない」と断じたが、安倍氏暗殺事件は氏の予想を覆すことになった。

この事件は、洗脳により金品を搾り取り、最後は〝家畜〟や〝性奴隷〟の如く日本人女性を拉致する悪辣な反日カルトの正体を暴き、このカルトに組する、保守を僭称する売国政治家を日の下（もと）に晒（さら）し、この悪を日本から排除する契機となったからだ。

同様にこの事件は、統一教会に組する者には天譴（てんけん）となり、被害者には天祐（てんゆう）となったが、悪辣カルトの本家本元、韓国には怖ろしき天譴のみが下されたように見受けられる。理由を述べよう。

第14章　集団自殺社会・韓国の未来

美容整形する己に自信なき韓国人

合同結婚式に参加した日本人女性は、韓国人男性を次のように評していた。

①全然タイプでなかった　②得体の知れない
③全く好みと違う男　④普通に結婚できないような男ばかり

では、なぜ合同結婚式に参加した男はこのような評価を受けるのか。

元々倭人が住んでいた半島には美男美女も多かったはずだが、女性を蔑視し、千年を上回る間、女性をかり集め、美女からシナへ献上し、売り飛ばし、或いは物品と交換してきたため、この国から顔立ちの整った女性は消えていった。その結果、残った男女の顔立ちがどうなるかは容易に想像できる。

こうして遺された人々の成れの果てが、今の韓国人の顔、短頭、高顔、蒙古ヒダ、扁平顔なのだ。彼らは「自分たちの顔は醜い」と自覚しているようであり、8割以上の女性が美容整形の必要性を感じ、実行に移し、結果として美容整形が発達した。

整形は女性だけではない。大統領さえ公然と整形して恥じないこの国では、男性芸人は勿論、一般男性も整形している。蒙古ヒダを二重瞼にするなど朝飯前で、隆鼻術、顔面骨格・特に顎（あご）のエラを削って小顔にすることまでやっている。

2014年3月11日　シンセン晩報は「韓国人男性も整形好き！醜さを隠すために8割が鼻に詰め物」なる記事を報じた。だが、合同結婚式に参加する男性は整形する経済的余裕がなく、日本人女性のあのような反応になったのだろう。最近の韓国人男性は割礼も行っているという。これはユダヤ教徒やイスラム教徒の習慣と理解していたが、彼らの常識になっていたとは驚き呆れた。

今の韓国人に美男美女のDNAが残っている確率は低い。だから整形前の顔を知らないまま結婚する方は、生まれた子供の顔を見て仰天する。今の韓国人に遺された遺伝子は変えられないからだ。

韓国人特有の〝火病〟と〝人格障害〟

アメリカ精神医学会は、「火病とは韓国人だけに現れる珍しい現象で、不安、うつ病、身体異常などが複合的に現れる怒り症候群」とし、1995年から正式に〝火病〟とした。

子供にも影響があり、2012年現在、韓国の小中高校生の16・2%がうつ病の兆候や暴力的傾向を示しているという。その為か、韓国メディアによると、韓国人には精神疾患者の割合が高いという。

２００３年２月10日、東亜日報は韓国人の精神障害について以下のように報じた。

【20歳男性の45％が対人間関係障害の可能性】

韓国人学者の調査結果から、次のようなことが明らかになった（要点）。

①この数値は米国や欧州などの平均、11～18％に比べて２・５～４倍に達する。

②研究チームは12種類に分けて人格障害の有無を測定した結果、一種類以上の人格障害があると疑われる人が71・２％に達した。

２０１５年２月20日、中央日報は「韓国健康保険審査評価院の調査では、火病患者が年間約11万５千人に上り、その内、女性が７万人だった」と報じた。

同年４月５日、中央日報は「大韓精神健康医学会がこのほど実施した調査の結果、韓国の成人の半分以上が〝忿怒（ふんぬ）調節〟に困難を感じており、10人に１人は治療が必要なほどの高危険群だった。そして前年、〝腹立ちまぎれ〟により偶発した暴力犯罪は15万件、全体の40％に達した」と報じた。

２０１８年１月18日、中央日報は、一般的には女性に多いといわれているが、「韓国サラリーマンの90％は火病の罹患経験があり〈悔しいことにあったり恨めしいことを

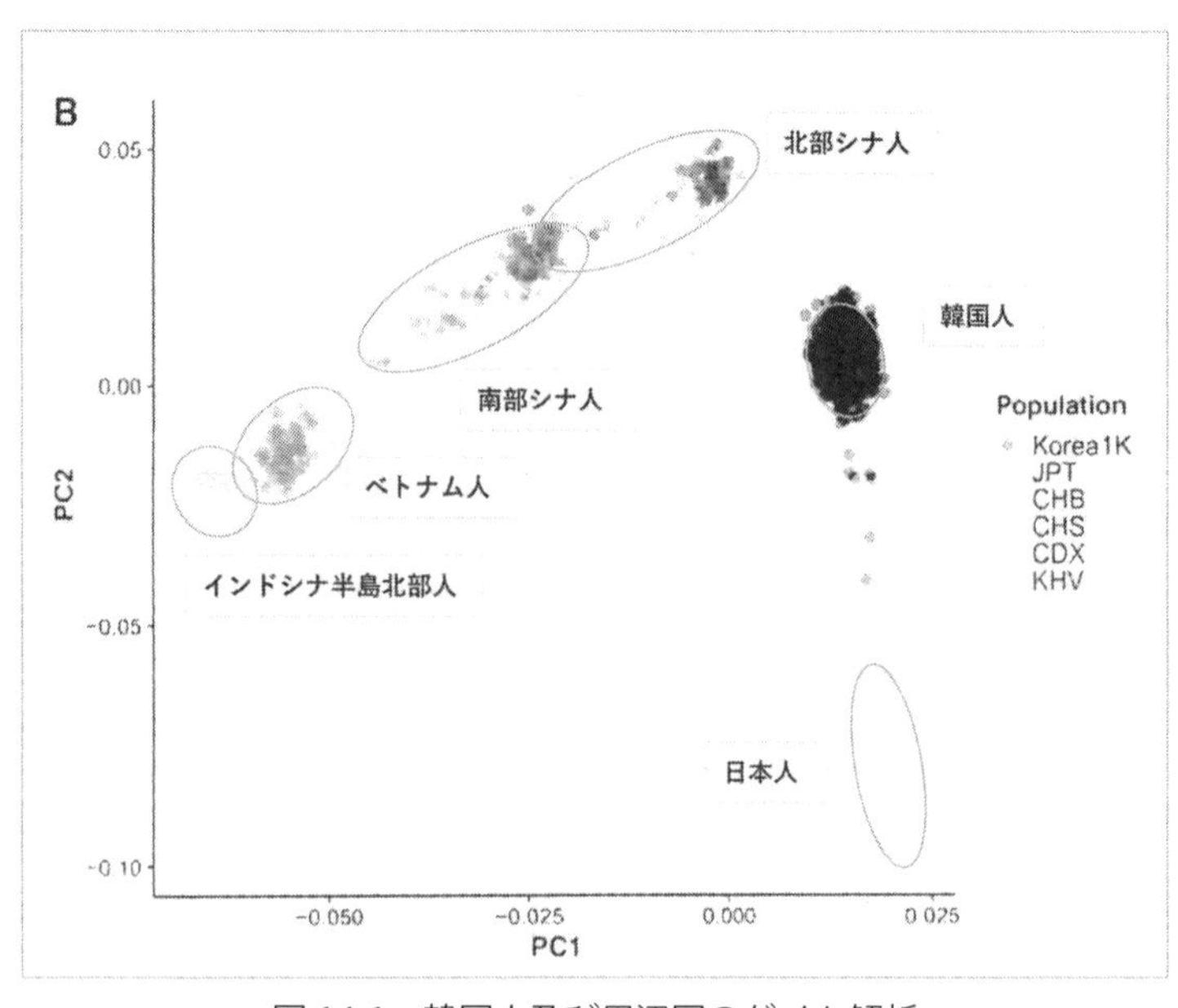

図 14-1　韓国人及び周辺国のゲノム解析

体験し、積もった怒りを抑えられずに現れる様々な苦痛〉、主に胸にシコリがあるように感じる、苦しさと熱が体内からこみ上げてくる症状が現れ、鬱火病とも呼ばれる」と報じた。

　では、なぜ韓国人には精神疾患者が多いのか。

　2014年3月、アメリカ食品医薬品局（FDA）は、DNAの核心部分である遺伝子領域に韓国人固有の変異があり、中国人、日本人を始めとする他民族に比べ、韓国人固有の変異が一部の者に極度に集中しているという。

　韓国人ゲノムの主成分分析も明

写真14-1　1880年代ソウルの南大門通り（中心街）

らかにされた（図14-1）。

（Korean Genomo Project:1094 Korean personal genomes with clinical infomation Science Advances 27 May 2020 Sugwon Jeon et al.）

この図は、韓国人のみが１０９４人のサンプルであり、それが日本や中国に比べて極度に集中している。即ち、韓国人は遺伝的近縁性が極度に高いことが分かる。その理由として、移動の自由が与えられたら、人は住み易い所から住み難（にく）い所へ移動することはない。シナに搾取され続けた韓民族は余りに貧しく不潔だった（写真14-1）。

例えばイザベラ・バードは、李朝末期のソウルを次のように描写していた。

「不潔さで並ぶもののなかったソウルは……」（『朝鮮紀行』講談社学術文庫ｐ545）

「路地には悪臭が漂い、冬にはあらゆる汚物が堆積し、くるぶしまで汚泥に埋まるほど道のぬかるんでいた不潔極まりない古いソウルは……」(545)

こんな汚い国に住みたい人はいないから、拉致などの他に外から異なるゲノムが入ってくることはなかった。更に女性が少なく、「試し腹」の噂すらある韓民族は、1500年間以上近親婚・近親相姦を繰返してきたこともゲノム均一化の原因となり、それが精神にも影響を与えているという見方も否定できない。

では、今の韓国社会とは如何なるものであり、その未来はどうなるのだろう。

〝無限競争社会〟という若者の苦悩

日本では若者の失業は殆どないが、韓国の〝無限競争社会〟が若者を絶望の淵へ追い込んでいる、とハンギョレ新聞社のチョン・ジョンユン氏は語る。([コラム] 合計特殊出生率0・75の秘密と10年後の韓国社会：社説・コラム：hankyoreh Japan ２０２２・10・６より)

「韓国社会では希望より絶望が先行し、その最も重要な要因の一つが教育だということには意見の相違はあまりない。公教育とは名ばかりで、英才教育という名目で各種の特別目的高校や自立型私立高校が存在し、大学入試に及ぼす影響力は絶大だ」

以下、氏が指摘する社会問題を箇条書きにしてみた。

①各種調査によると、私教育（塾や習い事）を開始する平均年齢は4歳前後だ。

②統計によると、昨年の1人当たりの月平均私教育費は約3万7300円だが、月に約10万2000〜20万3000円以上使っている家庭もありふれている。

③そのように勉強させた結果、2021年現在で25〜34歳の69・3％が大学教育を受けているが、それでも20〜29歳の雇用率は57・4％にとどまっており、しかも3分の1は非正規労働者だ。（正規雇用は38・2％　無職が42・6％）

④運良く中位所得世帯になれても、ソウルで中間価格帯のマンションを買うには、月給（6月現在）を一銭も使わず17・6年間貯め続けなければならない。

⑤教育部や裁判所が代弁する「大きな声」を聞くと、韓国は国民の大多数がこのような無限競争を自律と自由として支持しているようにみえる。

⑥保育と教育は親の役割であり、親と子の両方が高価な機会コストを支払った末に高学歴の無職になっても、「自分のせい」として順応しているようにみえる。

⑦だが、職をくれと叫ぶよりも、静かな諦めによって食を断つ怒りの方が怖い。

⑧合計特殊出生率0・75というのは「無限競争の結果に対する責任が個人に押し付けられる国では子は産めない」という諦めの表現だ。

韓国では（中共もそうだが）結婚に必要な初期費用が非常に高い。韓国では結婚するときに住宅を購入することが一般的でその費用が約２２００万円（その60％を補償金として支払い居住する）、嫁入り道具が約１３０万円、結婚式と新婚旅行に約２５０万円必要であり、その60％を男性が負担していたという。

金がないと結婚できないから晩婚化は致し方ない。或いは結婚を諦めるしかない。するともう一つの問題が派生する。

２０２０年の婚外子は、韓国は1・9％、日本は2％に過ぎない。フランスの約60％と比べると圧倒的に少ない。即ち、韓国や日本では結婚しなければ子は増えないのだ。特に儒教の影響下にある韓国では婚外子は〝庶子〟であり、結婚の減少は出生率の低下に拍車をかける。

苦悩する韓国・世界最高の自殺率！

この国には様々な苦難が顕在化しており、春木育美氏は現状を次のように記す。

「韓国の20代は、いま自分たちが置かれている境遇を〝ヘル朝鮮〟と自嘲する。ヘル朝鮮とは、韓国社会の不条理なさまを地獄のようだと喩えた造語である」（『韓国社会の現在』p179）

「この造語が良く使われるようになったのは２０１５年以降で、ネット上にヘル朝鮮という

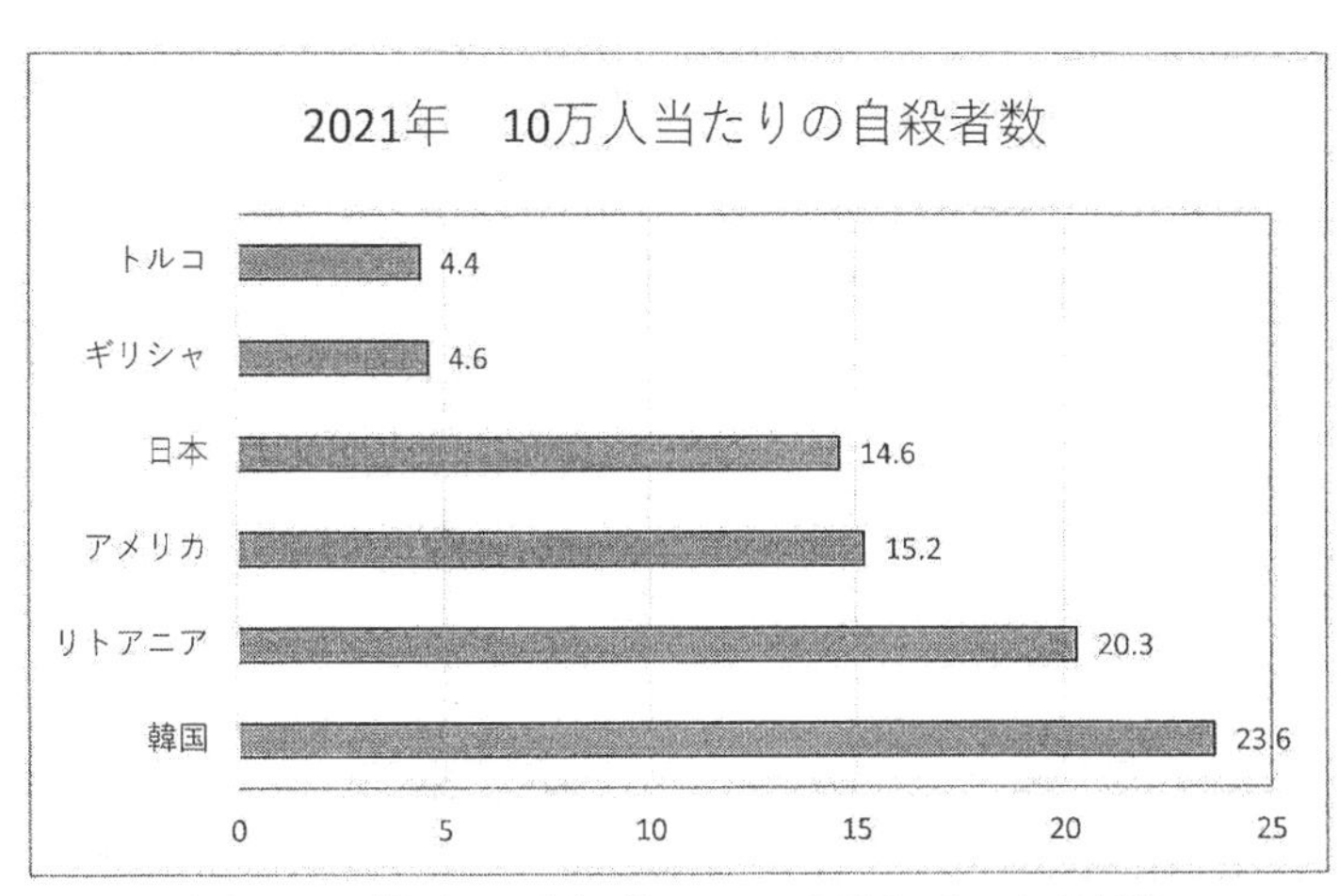

図14-2　韓国・日本などの10万人当たりの自殺者数
(2022.11.27　中央日報日本語版より)

コミュニティサイトが開設されるや、就職難、失業、差別、貧困、政府の政策に対する批判などが次々に書き込まれた。進学から就職問題まで、日々直面している韓国社会の現実がつらくて地獄のようだと訴える書き込みが相次いだ」(180)

自殺はその国の様々な困難さの表象であり、2003年から2021年まで常に自殺率はOECD加盟国中のトップとなっている。(2017年のみ2位)

2021年には10万人当たりの自殺者数は23・6人となった。(図14‐2)

特に若者に困難さが集中しており、青少年の自殺率は2017年から2020年にかけて48%も増加し10万人当たり11・4人、10代の自殺者・自殺未遂者は70%も増加し、

4459人に上った。これが〝ヘル朝鮮〟の実態である。

結婚したくない・子供を産みたくない

人口減少の直接的な原因は、妊娠可能な女性の減少と未婚者の増大及び晩婚化だ。その根底には女性の韓国社会に対する否定的な見方が潜んでおり、先行きは暗い。

「韓国人口保険福祉協会の調査（2019年）では、20代女性の57％が結婚する意志がない（男性は37・6％）と答えている。子供を産むつもりはないという回答は71・2％にのぼった。

大学生や20代の女性と話すと、驚くほど同じ台詞を口にする。〈結婚ですか。したくありません〉というものだ。

その理由を訊くと〈必要がない〉〈一人が良い。自由でいたい〉〈結婚しないと不幸という時代ではない〉〈今の生活が気楽。手放したくない〉〈結婚は女だけが損をする〉〈誰かの妻・嫁・母親になりたいという気持ちがない。個の自分でいたい〉〈結婚するということは、旧来の家父長制を受け入れることになる〉。

結婚を夢見たり希望したりするより先に、結婚へのネガティブなイメージや忌避感が先ず前面に出てくる。若い女性の間で結婚願望は大きく低下している」(22)

韓国（中共、台湾も）では儒教の悪弊が残っており、結婚しても女性は夫と同じ姓になれない。夫を自分の姓にすることもできない。夫婦別姓であり、子は必ず夫の姓を継ぐ。これらの国では、昔から女性は男子を産む道具なのだ。それが「誰かの妻・嫁・母親」や「旧来の家父長制を受け入れる」ことへの拒否反応となる。

これでは、結婚、出産を拒否する女性が増大するのは当然だろう。だがこれらは表向きの理由であり、韓国人女性には言うに言えない闇の世界が潜んでいた。

韓国社会の宿痾・売買春

戦前の日本では売春は合法であり、日本は日本軍兵士専用の慰安婦を求めた。兵士の性病防止と戦地での強姦防止のためだ。慰安婦の多くは日本人だったが、韓国人女衒（ぜげん）も韓国人慰安婦を公募し、応募した彼女らを連れて日本軍の後を追い、商売し、大儲けをしていた。（『新文系ウソ社会の研究』p92）

1956年、日本では売春防止法が制定され、売春は非合法となったが、その後も韓国では売春は合法であり続け、多くの韓国人女性が〝業〟として売春に勤（いそ）しんでいた。

1989年のYMCAの調査では、15～29歳の女性620万人の内、120～150万人が売春婦になり、売り上げは当時のGNPの5％に相当する4000億円を超えていたという。

２００２年の調査では、成人男性の半数は買春（かいしゅん）経験があり、少なくとも33万人の女性が売春業に関わっているとした。また１億７千万回の取引回数（売春）が行われ、取引総額は約２・４兆円にのぼった。韓国では売春は〝女性の業〟なる所以である。

２００３年、韓国刑事政策研究院は、26万人の女性が〝性産業〟に従事している可能性があると発表した。しかし、韓国フェミニスト協会は51万４千人から１２０万人の女性が〝売春産業〟に関与していると主張した。同時に、同報告書には男性の20％が20代の時に少なくとも月に４回、買春を行い、35万８千人が毎日買春を行っていると記していたという。

これらは人口減に悩む韓国にとって放置出来ない事実となる。いくら性行為を行っても子供は産まれないからだ。売買春は反社会的行為として多くの国が禁止している所以（ゆえん）である。そこで新たな決断を行った。

２００４年、韓国は売買春を禁止し、売春宿を閉鎖させる特別法を成立させた。だが韓国社会に根付いた売買春が一片の法律で根絶できるわけがない。その後、日本同様、様々な形を変えた売春行為が蔓延ることになる。

２０１０年、韓国の女性家族部がソウル大学女性研究所に依頼して実施した「２０１０年性売買春実態調査」によると、韓国人男性の買春経験者は約50％であり、買春回数は８・２

回／年となった。韓国人男性は「買春は社会生活の一部」と考えており、故に韓国女性にとって売春は収入の糧である一大産業となる。

同年の国勢調査は「10万人余りの女性が海外遠征売春を行っている」と指摘した。国内での売春が非合法化されると、多くの女性が海外へ出稼ぎに行くようになったのだ。

慰安婦問題など何処へやら、韓国が「売春婦輸出国」となり、彼女らは日本やアメリカを始め、世界各地で〝売春業〟に精を出している。彼女らにとって売春は〝業〟であり、「売春合法化」を求めるデモも頻発した。２０１５年９月には約４０００人の女性が集まり、性売買春特別法廃止と性売買従業者の労働者認定を求めた大規模なデモが行われた程だ。

韓国では精神異常者の割合が高く、結婚できない男性も多い。人口当たりの性犯罪は日本とはケタ違いに多いのに、売春を完全に禁止すると更に性犯罪が増加する恐れもある。

今も韓国では売春は不可欠な〝産業〟であり、売春婦が多い分、結婚する女性が少なくなり、これが少子化の一因であることは間違いない。

集団自殺社会が招く〝国家消滅〟の危機

思い起こせば朝鮮戦争の後、韓国は人口増に悩んでいた。１９８０年の出生率は2・82まで下がったが、その頃は〝産児制限〟が実行に移されていた。

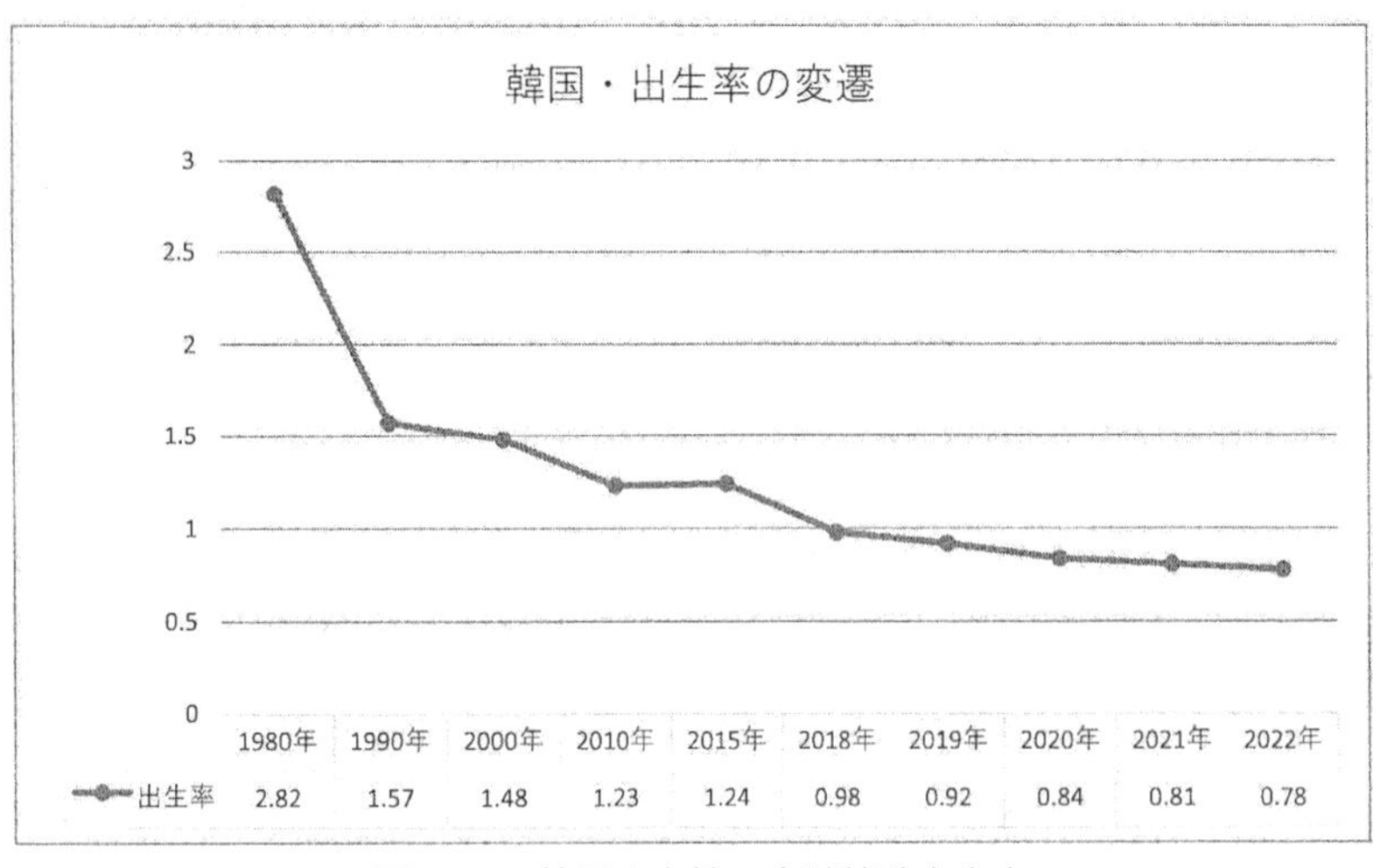

図 14-3　韓国人女性の合計特殊出生率

処が出生率は低下し続け、１９９６年に産児制限を廃止し、産児自立政策に変更した。それでも出生率は下がり続け、２００３年に少子化対策がとられるようになった。だが、一度下がり始めた出生率は回復することはなかった。（図14－3）

この国の合計特殊出生率（女性が生涯を通じて産む子供の数＝出生率）は世界最下位になって久しい。このまま行くと２０２３年現在、約５０００万人の人口が、１００年後には１０００万人を割り込み、社会維持は困難になる。

この現状を見て、ハンギョレ新聞社のチョン・ジョンユン氏は次のように語る。

「２０２２年に韓国大統領が投げかけるべきたった一つのメッセージがあるとすれば、それは人口減少対策だろう。韓国は今年第2四半期の合計特殊出生率が0・75だった。一人の女性が一生の間に産むと予想される子供の数が1人にも満たないという意味だ。世界が〝集団自殺社会〟として注目する人口消滅の危機だ」（前掲「コラム」より）

高い自殺率と低い出生率、このまま放置すると韓国はこの点では日本を追い抜き、先に消滅の危機が訪れることは間違いない。

「集団自殺社会」から繁栄への道へ

チョン・ジョンユン氏は現在の韓国を〝集団自殺社会〟と表現していたが、他にも心配する方がいた。

2022年5月26日、イーロン・マスク氏は「今の出生率が変わらなければ、3世代の後、韓国の人口は今の6％になり、大部分が60歳以上の老人になるだろう」とツイートした。これは〝韓国消滅〟の予言であり、紀元前5000年の再現が現実味を帯びてきた。

ではこの怖ろしくも不気味な〝民族滅亡〟という御託宣にどう対処したら良いのか。

2014年3月、パク・クネ大統領は〝3・1独立運動の記念式典〟で「過去の過ちを正視せずに新しい時代を切り開くことはできない」と述べたが、これほど今の韓国を的確に表した言葉はない。

思い起こせば彼女の父君・朴正熙は、歴史の終着点にいる韓国を目の当たりにして「偽りの歴史に決別し、反省・謝罪し、韓国社会の大改革を行い、新たな歴史を築かなければならない」と忠告していた。その指摘は正鵠を射ており、今の韓国人も彼を見倣い〝偽りの歴史〟に決別し、本書が明らかにした〝真実の歴史〟を謙虚に学び、現実を知り、反省・謝罪を行った上で大改革を行えば必ずや道は開ける。

では具体的に何をしたら良いのか。

それは彼らが考えることであり、余計なおせっかいなので敢えて触れないが、具体策は本書を読めば自ずと明らかになってくる。そうすれば、チョン・ジョンユン氏やイーロン・マスク氏の不吉な予言を覆し、明るい未来に向かって舵を切ることができるに違いない。

あとがき

筆者が歴史に興味を持ったのは、若き日に大岡山で江藤淳教授の謦咳に触れたことに始まる。先生が暴いた「検閲」の闇は、70年過ぎた今日においても。近現代史のみならず、古代史から韓国史にまで及んでおり、その余波は考古学、形質人類学、分子人類学にまで達していた。

その結果、日韓の歴史は歪められ〝ウソ〟が蔓延っていることを知って終った。これを「さわらぬ神に祟りなし」と見て見ぬふりをしては、日韓両国民に対して余りに不親切、且つ冷酷であると確信した。

「歴史とは、過去から学び現在を生きるための反省と知恵の学問」でなければならない。この立場から今までの両国の歴史書を紐解くと、肝心な真実が殆ど欠落していた。

彼らは、「韓国人や日本人は愚かなのだから分かりはしない」と見下し、問題が起こるのを恐れて「検閲」の事実を隠し、違憲検閲により形成された世の定説に迎合してきた。そこに考古学者、歴史学者、マスコミ業者、ジャーナリスト、作家、教育者、政治家などの惰弱さと悪意を感じた次第である。

結果として韓国人や日本人は真実を知ることができず、歴史から学び、反省し、自己批判から改善へ向かう道を閉ざしてしまった。そして韓国人にはいわれなき反日感情を、日本人には中韓への贖罪感、自虐意識、加えて嫌韓感情を固定化させることとなったが、これは韓国と日本を引裂く謀略ではないかと疑われるほどだ。

だが、韓国史の真実を知ることで韓国人は己を知り、将来を見通すことができる。その結果、多くの問題点が炙りだされ、自ずと解決策も見えてくる。これは、国家主導で虚偽と自虐の歴史を子供や若者に強制注入し、精神を殴殺された彼らが、当然の帰結として集団自決に向かっている現実を知り、右往左往している日本にも当てはまる。

文化人類学的進化論から見れば、今の韓国と日本は〝淘汰〟され、滅亡へ向かって歩んでいることは確かである。歴史の終点である現在から将来を見通すと、両国民には〝滅亡〟というご託宣が下されたことになるが、これは天祐と捉えるべきであろう。歴史から教訓を得て解決策を見いだし、復元力を得て甦るか、右往左往するだけで沈没するか、選択の機会が与えられたからだ。

何時の日か韓国人と日本人が覚醒し、真実の歴史を共有することで悔悟・反省、自己批判が行われ、それが行動になって表れた時、両国民の前に明るい未来が開けるのではないか。本書がその一助になることを願って止まない。

最後に、再び本書の出版を決意して下さった展転社に衷心より感謝申し上げたい。

令和5年9月

長浜浩明

長浜浩明（ながはま　ひろあき）

昭和22年群馬県太田市生まれ。同46年、東京工業大学建築学科卒。同48年、同大学院修士課程環境工学専攻修了（工学修士）。同年4月、(株) 日建設計入社。爾後35年間に亘り建築の空調・衛生設備設計に従事、200余件を担当。
主な著書に『文系ウソ社会の研究』『続・文系ウソ社会の研究』『日本人ルーツの謎を解く』『古代日本「謎」の時代を解き明かす』『韓国人は何処から来たか』『新文系ウソ社会の研究』『最終結論「邪馬台国」はここにある』『日本人の祖先は縄文人だった！』『謀略の戦争史』『原発と核融合が日本を救う！』（いずれも展転社刊）『脱原発論を論破する』（東京書籍出版刊）『日本の誕生』（WAC）などがある。
［代表建物］
国内：東京駅八重洲口・グラントウキョウノースタワー、伊藤忠商事東京本社ビル、トウキョウディズニーランド・イクスピアリ＆アンバサダーホテル、新宿高島屋、目黒雅叙園、警察共済・グランドアーク半蔵門、新江ノ島水族館、大分マリーンパレス
海外：上海・中国銀行ビル、敦煌石窟保存研究展示センター、ホテル日航クアラルンプール、在インド日本大使公邸、在韓国日本大使館調査、タイ・アユタヤ歴史民族博物館
［資格］
一級建築士、技術士（衛生工学、空気調和施設）、公害防止管理者（大気一種、水質一種）、企業法務管理士

新版 韓国人は何処から来たか
そして彼らは何処へ行くのか

令和五年十月四日　第一刷発行

著　者　長浜　浩明
発行人　荒岩　宏奨
発　行　展　転　社

〒101-0051 東京都千代田区神田神保町2-46-402
TEL　〇三（五三一四）九四七〇
FAX　〇三（五三一四）九四八〇
振替〇〇一四〇-六-七九九九二

印刷製本　中央精版印刷

定価［本体＋税］はカバーに表示してあります。
ISBN978-4-88656-565-5